메이크업 디자인

Make up Design

청구문화사

머리말

현대에 이르러 뷰티 산업이 고속으로 성장하면서 뷰티 관련 학문 및 기술 개발 연구가 활발히 이루어지고 있다.

또한 미용교육기관에서는 미용인재 양성을 위해 헤어나 메이크업 에스테틱, 네일 등의 전공 분야를 기술습득 뿐만 아니라 기본기 및 이론 교육에도 박차를 가하고 있다.

메이크업은 우리 인류가 생겨나면서부터 가져온 미적 욕구를 완성시키는 도구로서 유래되었고 그 동안 시대나 나라를 막론하고 아름다움 추구를 위해 여러 방법의 화장법이 개발되고 전수 되어 왔다.

현대에 이르러 미용관련학과들이 자리매김 함으로써 미용 학문이 보다 체계화 되었고 메이크업에 관한 이론 및 정의 등을 전문적으로 교육하고 습득하게 되었다.

따라서 이번에 출간하는 메이크업 저서에는 메이크업을 배우고자 하는 학생들이 기본적이고 필수적으로 다루어야 할 이론과 실습 테크닉 등을 체계적으로 정리해 놓았다.

본 저서는 메이크업의 정의, 메이크업의 역사, 메이크업 제품 및 도구의 종류와 기능, 얼굴형에 따른 시술 및 수정테크닉, 퍼스널 컬러, 메이크업의 분류 등으로 구성이 되어 있다.

본 저서를 집필함에 있어 학생들의 이해를 돕고자 많은 연구와 자료 수집이 있었으나 아직 미흡한 부분이 분명 있으리라 생각한다. 이러한 부분은 앞으로의 연구를 통해 수정 보완해 나가고자 한다.

끝으로 출판이 되기까지 많은 도움을 주신 이상태 사장님을 비롯한 여러 선생님들께 진심으로 감사드린다.

저자 일동

CONTENTS

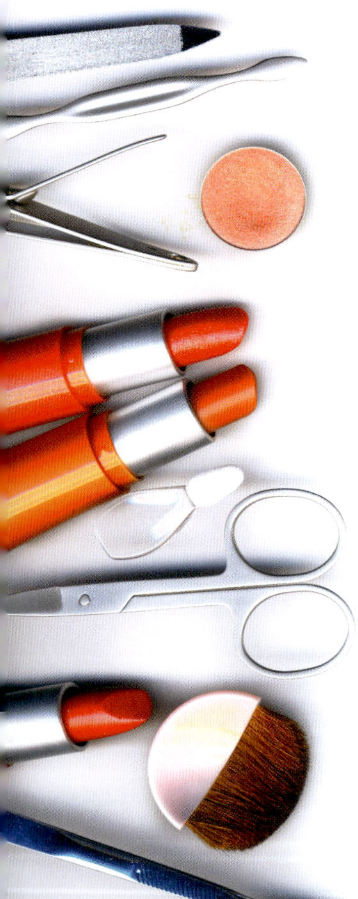

1

메이크업이란?

Chapter 1. 메이크업이란?

1. 메이크업(Make-up)의 정의

메이크업(Make-up)이란 인간이 가지는 가장 기본적인 욕구 중 하나라고 할 수 있는 아름다워지고 싶은 '미적 욕구'를 충족시키는 것을 기본으로 한다. 메이크업의 사전적 의미는 "완성시키다, 보완하다"라는 것을 뜻하며 일반적 의미로는 미화의 목적으로 얼굴에 화장을 하는 것을 뜻한다. 또한 메이크업이란 본래의 얼굴에 자신이 갖는 내면적인 부분과 외적인 부분을 조화롭게 표출시키는 한 방법이라 하겠다. 그래서 자신의 외모 중에서 장점인 부분은 더욱 부각시키고 단점인 부분은 보완하여 보다 더 아름다운 이미지로의 변신을 추구한다.

예로부터 사람은 몸치장과 얼굴단장을 위한 노력들을 생활 중의 일부분으로 여겨왔으며, 뿐만 아니라 곤충, 짐승, 바람, 광선 등 자연에 노출이 많았던 환경을 고려하여 몸이나 얼굴에 칠을 하거나 단장하던 문화가 있었다.

17세기 영국의 시인 리차드 그랏쇼(Richard Crashaw)는 여성의 매력을 높여주는 화장을 뜻하는 단어로써 메이크업이라는 용어를 처음 사용하였는데, 현대적 의미의 메이크업의 개념은 여배우의 화장효과가 중시된 미국의 헐리우드 전성기때부터 본격적으로 사용되었다고 볼 수 있다.

이런 화장이 점차 구체화, 정형화 되어 현대에 이르러서는 메이크업이라는 문화로서 우리 생활에 자리매김하게 되었고, 이제는 보다 발전되어 메이크업의 영역이 단지 아름다움이나 개성을 표현하는 미적수단에만 그치지 않고 예술적인 부분을 승화되어 아름다움을 창출하는 무한한 예술의 경지에서 공연, 작품, 영상매체 등을 통해 종합예술의 면모를 갖추어 나가고 있다.

결국 메이크업은 인간의 미를 단순히 외적인 측면에서만 가추는 작업이 아니라 내면의 정신적인 아름다움과 가치까지 표현해내는 생산적인 차원의 예술이며 과학인 것이다.

2. 메이크업(Make-up)의 기능

- **보호의 기능** : 피부 보호의 목적으로 외부의 먼지나 자외선, 대기오염, 온도 등의 변화로부터 피부를 보호하는 기능을 한다.
- **미화의 기능** : 인간의 본능적인 미화 기능을 충족시키는 목적으로 아름다워지고 싶어하는 기본욕구충족을 위하여 메이크업 제품으로 자신의 얼굴의 장점을 부각시키고 결점을 보완하여 아름다움을 추구한다.
- **사회적 기능** : 자신이 사회에서 갖는 지위, 직업, 신분을 표시하고 사회적인 관습도 나타낸다.
- **심리적 기능** : 외모에 자신감을 부여함으로써 심리적으로 능동적이고 적극적인 자신감을 가지게 됨으로 긍정적 효과를 기대할 수 있고 뿐만 아니라 최근 화장치료법(Make-up Therapy)으로 심리적 우울 증상 및 치매 등의 치료와 완화에도 큰 역할을 하고있다.

3. 메이크업(Make-up)의 조건

T.P.O	메이크업 시술시 Time(시간), Place(장소), Objet(주제)에 맞도록 고려한다.
조화	의상, 헤어, 인물의 분위기 등의 조화로움을 고려하여 시술한다.
대비	색상, 명도, 채도를 이용하여 색의 대비 효과를 준다.
대칭	눈썹 등의 아이 메이크업 시 좌, 우 균형을 잘 맞추어 메이크업 한다.
그라데이션	메이크업의 색상을 자연스럽게 잘 펴주는 기법을 말한다.

4. 메이크업시 유의사항

- 메이크업은 원래의 모습을 완전히 바꾸는 것이 아니라 얼굴의 자연스러움을 살려서 해야 한다.
- 메이크업 시에는 시간(Time), 장소(Place), 목적(Object)에 적합하도록 시술한다.
  데이 메이크업 시에는 자연미를 강조한 면 위주의 메이크업을 하는 것이 좋으며, 나이트 메이크업의 경우 선을 강조한 메이크업으로 또렷한 이미지를 표현한다.
  장소에 따라서 인공조명이 있는 실내의 경우는 립(LIP)을 강조해주며, 자연광인 실외의 경우 눈(EYE)을 강조한 메이크업을 하는 것이 효과적이다.
  목적에 따른 메이크업은 축하객의 경우는 완벽한 메이크업으로 분위기를 살리며 조문객의 경우는 내추럴 메이크업으로 경건함을 나타내는 것이 좋다.
- 메이크업 시에는 조명을 고려해야 한다. 자연조명 아래서는 사실적이고 자연스럽게 표현한다. 인공조명 아래서는 색상이 30% 정도 감소되어 보이므로 이 부분을 감안해서 메이크업 한다.
- 메이크업의 전체 이미지 중에서 70%를 차지하는 것이 베이스 표현이므로 피부에 적합한 파운데이션의 색상이나 터치법을 잘 고려해야 한다.
- 잡티나 기미가 눈주위에 많을 경우에는 립 메이크업으 강조하여 시술하고 잡티나 기미가 입 주위에 많을 경우에는 아이 메이크업을 강조하여 시술한다.
- 젊게 보이는 메이크업으로 유도하려면 피부색을 밝게 표현하고 파우더 색상을 화사하고 밝은 계열로 선택한다. 그리고 상향선을 이용하여 하이라이트를 강조한다. 또한 아이메이크업 보다는 립 메이크업에 더욱 포인트를 둔다.
- 메이크업은 반드시 트랜드를 고려해야 한다. 따라서 그 시기에 유행하는 피부표현 및 메이크업의 경향을 바탕으로 시술해야 한다.

5. 메이크업(Make-up)의 기원

1) 미화설

미화설은 자신의 신체를 타인에게 아름답게 보이기 위해서이거나 혹은 우월성을 표현하기 위한 수단으로 메이크업을 했다는 학설이다. 또한 이성이나 다른 사람의 관심을 끌기 위한 방법의 일환이었다는 것이 주목할 만하다.

실제로 고대 이집트 여인들은 유두에 붉은 칠을 하여 화장하였으나 입술은 붉게 칠하지 않았는데 이는 당시 이집트 풍속에 입맞춤이라는 애정표시가 없었기 때문이다. 인간의 본능적 욕구 중의 하나가 자신의 신체 일부분을 아름답게 돋보이고 일부의 약점을 커버하거나 수정하여 보다 아름답게 보이기 위한 수단이었다는 것이 설득력 있다.

미화설

2) 보호설

인간이 자기 자신을 어떤 위험으로부터 보호, 위장하기 위한 지장이 미화의 수단으로 발전했다는 학설이다. 실제로 원시시대 사람들이 몸에 상처를 내거나 문신을 한 것은 적에게 공포감을 주기 위한 행위로 시작하였다. 뿐만 아니라 마귀를 쫓기 위해서 얼굴이나 몸에 색칠을 하는 관습이 있었던 것이다. 또 이집트인들은 빛과 곤충들로부터 눈을 보호하기 위해 눈 주위에 푸른색을 짙게 그려 주기도 하였다.

또 다른 예로서 1800년대의 여성들이 몸에 백납 분을 바른 것은 가스등이나 촛불의 그을음으로부터 피부의 노화를 방지하고 자외선으로부터 그들의 피부를 보호하기 위한 것이었다.

보호설

위장설

신분표시설

3) 위장설

원시 고대인들은 자신의 몸에 새의 깃털이나 짐승의 뿔 혹은 식물의 색소 등을 이용하여 얼굴이나 신체에 발라 자연 환경에 맞게 적절히 위장하였는데 이는 전투에서 적을 위협하는 수단이나 자신을 은폐하는 목적으로 사용하였다.

4) 신분표시설

화장(Make-up)은 어떤 종족이나 개인의 계급, 신분, 부족의 우월성을 알리기 위해 신분을 표시하는 것이라는 설이 지배적으로 대두되고 있다. 이것은 나이, 신분, 종족, 남녀성별을 구분하기 위한 목적으로 계층별, 연령별, 부족별 메이크업을 각각 다르게 표현했다는 견해이다. 역사의 초기 지배자들 역시 그들 나름대로의 아름다움과 위엄을 갖추거나 여러 의식이나 행사에서 일반인들과의 구별을 위하여 대부분 요란한 치장을 하였다.

아프리카에서 절대자가 자신의 위엄을 드러내기 위해 얼굴이나 신체의 일부를 붉은 색이나 백납, 식물성 색소에서 채취한 여러 가지 색채로 채색하는 행위 및 민족간에 행하여지는 특이한 헤어스타일, 귀걸이, 코걸이, 팔찌 등은 미를 나타내기보다는 계급이나 신분, 부족을 나타내기 위한 목적으로 사용되었다.

5) 장식설

인류 최초의 화장의 목적은 장식이라는 설이 지배적이다. 원시시대 인간은 옷을 입기 전에 나체상태에서 피부에 그림을 그려 넣거나 조각, 문신, 회화를 새겼는데 이것이 화장의 시초로 보는 설이다. 즉 전쟁으로부터 생존한 무사가 부족에게로 귀환했을 때 자신의 신체에 남아있는 상처와 혈흔의 일부가 존경의 대상이 되고, 용맹의 상징이기도 하였다. 그 이후 자연스럽게 신체 일부분을 장식하거나 표시하려는 욕망이 원시의 지도자들로부터 시작되었다. 다양한 색채의 진흙이나 식물의 색료를 사용하여 얼굴, 머리 등 전신에 바르기 시작하였고 정복자가 피정복자에 대해서 예속을 과시하기 위한 형식으로 사용되기도 하였다.

장식설

6) 종교설

초자연과의 융합을 위한 주술적, 종교적 행위로서 색상을 부여하거나 향을 이용하여 병이나 재앙을 물리치고 신에게 경배하기 위하여 향나무의 가지를 자르고 향나무의 즙으로 바른 해수나 향료를 미화수단으로 이용하였다. 그 한 예로서 독수리나 사자 같은 동물의 문양을 신체에 그려 넣음으로 인간이 가지지 못한 동물의 힘을 담고자 하였다. 아프리카 나제르의 후라니족 여인들은 악령과 병으로부터 보호받기 위해 얼굴에 칠을 하였으며, 아이브리 해변의 무당은 약초와 신성한 강물로 혼합된 흰 진흙을 그들의 눈에 칠하였다. 그들은 이러한 화장을 통해 그들이 영적인 세계를 볼 수 있다고 생각하였다.

종교설

2

메이크업의 역사

Chapter 2. 메이크업의 역사

1. 서양 메이크업의 흐름

1) 고대(Ancient times)

(1) 이집트(Egypt)

메이크업의 역사는 아주 오랜 시대까지 거슬러 올라가 고대 이집트에서 찾아 볼 수 있다. 고고학자들은 이미 기원전 6000년전의 이집트 유물에서 얼굴이나 눈에 화장을 하기 위해 안료를 잘게 깨거나 섞을 때 썼던 팔레트를 찾아내었고 기원전 4000년에 벌써 미용실이나 향료 제조 공장이 번성 했으며 메이크업 기술도 매우 발달하여 널리 퍼져 있었음은 알 수 있다. 여기서 우리는 고대 문헌을 통해 메이크업이 생겨나고 발전하게 된 배경을 알 수 있다.

첫째로 미적 아름다움을 추구하기 위해서라고 하겠다. 이 시기에는 남성과 여성의 구별 없이 미적 추구를 위하여 붉은색을 나타내는 식물성 염료인 헤나(Henna)를 손바닥과 발바닥에 바르고 검정의 코울(Kohl)을 사용하여 눈 화장을 하였으며 녹색이나 청색 등의 착색료를 이용하여 눈에 발랐다. 이집트인들은 특히 강한 이미지의 눈 화장을 즐겨 하였다.

둘째로는 종교적 주술적 의미에서 메이크업이 행해졌다고 할 수 있다. 신에게 제를 올릴 때, 그들만의 독특한 분장을 행하여 왔음이 고대 벽화에 잘 나타나 있다.

셋째는 종족보존의 의미에서 출발되었다고 할 수 있다. 그들은 자신들의 종족과 계급을 표시하기 위하여, 또 자기 종족의 영역을 수호하기 위하여 얼굴에 착색을 하였다. 그리고 무엇보다도 이집트의 대표적 화장법이라 할 수 있는 클레오파트라의 미용법을 살펴보면, 그 당시 미의 상징이었던 클레오파트라는 우유로 목욕을 즐겼으며 코울을 사용하여 눈썹을 그렸다. 그리고 여러 가지 식물 색소로 눈 화장을 해 왔었는데 처음에는 미적 기능 보다는 곤충이나 벌레들로부터 눈을 보호하기 위하여 시작되었으나 점차 미화의 기능으로 전환됨에 따라 오늘날 눈 화장인 아이섀도우로 발전하게 되었다.

이외에도 남녀가 모두 가발을 즐겨 착용하였다. 가발의 색은 보통 검정색이 많으나 신분이나 남녀에 따라 간혹 황금색, 청색으로 물을 들여 사용하기도 했다.

그리고 이 시기에는 제를 올릴 때 향을 신선한 의미로 사용하였으며 얼굴이나 몸에 치장하기 위한 헤나, 코울과 같은 여러 착색제들은 병, 동물, 악마로부터 신변을 보호하는 기능과 종족표시, 계급표시 등을 나타내는 것으로 쓰였다.

(2) 그리스, 로마

이집트의 메이크업 기술을 수입해 바로 흉내 낸 로마인과는 달리 그리스인들은 화장보다는 건강한 아름다움을 추구하였다. 히포크라테스에 의해 피부병이 연구되어 일광욕, 맛사지 등을 하였는데 특히 목욕 후 마사지와 향수의 사용이 유행했다고 한다.

일반 여성들은 피부손질 외에는 거의 메이크업을 하지 않았으나 헷타리아(Hetaira)라고 불리는 무희나 악기를 다루는 계급의 여성은 이집트의 화장술을 전수 받아 더욱 체계화하여 발전시켰다. 이들은 백납분을 이용하여 피부를 희게 표현하였고, 주황색을 띤 단사를 이용하여 광대뼈 부위에 둥근 모양의 볼을 칠하였고 눈 화장은 녹색, 회색으로 아이섀도우를 그렸

그림 2-1 이집트

으며 코울을 이용하여 눈 아래위로 검은 라인을 강조하거나 붉게 칠하였다. 그리고 이 시대에는 단순한 의상과 화려한 머리치장이 유행 되었다. 머리에 컬을 만들거나 금발로 물을 들였으며 오일이나 향수를 머리에 발라 윤을 내었다. 또한 여자들의 머리 모양은 자연스럽게 풀어 내리는 것이 일반화 되어 오다가 후기에 들어서면서 머리를 뒤로 틀어 올려 리본이나 밴드로 장식을 하였다.

목욕 문화가 발달했던 로마는 화장의 기본이 '청결'이었다. 로마인들은 남녀 모두 화장술에 관심이 많아 염소젖으로 목욕을 하고 레몬 오렌지 즙을 피부를 문지르거나 옥수수, 우유와 버터의 혼합물로 마사지를 하였다. 로마인들은 흰 피부를 권위의 상징으로 생각하여 메이크업 방법에서도 얼굴, 목, 팔까지도 백납분을 잔뜩 칠하기를 좋아하였다. 코울(kohl)은 눈을 강조하기 위하여 칠해졌고, 식물성 염료와 적토는 빰과 입술에 매력적인 색과 윤기를 주었다. 특히 붉은 색조의 화장이 주를 이루고 양 볼과 입술에 붉은색의 루즈(rouge)를 발라 얼굴을 몰라볼 정도로 번형 시켰다. 이들의 이상형으로는 그리스인들처럼 희게 빛나는 피부색과 낮은 이마, 코와 금발의 여인을 더 아름답게 여겼다.

그림 2-2 그리스, 로마

2) 중세(Middle ages)

로마제국이 붕괴되면서 이 시기 유럽문화는 기독교 중심으로 재편되면서 종교가 사회의 모든 관습과 생활을 지배하던 때였다.

초기 크리스트교의 영향을 받아서 가발 사용과 화장이 제한 금지 되었으며, 외모를 가꾸는 일을 장려하지 않았으므로 활성화되지 못하였다. 다만 창부 같은 직업여성과 특정 직업을 가진 예능인만이 화장을 하였다. 이러한 유럽과는 대조적으로 동방에서는 아라비아인이 그리스, 로마의 기술을 연구하고 동시에 인도와 페르시아의 지식과 문화를 흡수하여 연금술, 약학, 식물학 등 다양한 분야에서 수준 있는 문화를 형성하였다. 또한 생리, 보건 연구도 많이 진전되어 목욕, 식이요법, 마사지 운동 등의 효과를 강조하였으며, 화장품이나 향유도 그저 바르는 수준을 넘어서 보다 과학적이고 효과적으로 사용하려는 연구가 이루어졌다. 종교의 영향으로 인하여 미용발전에 있어 암흑의 시기를 지나 말기에 와서는 조금씩 다시 활성화되어지면서 메이크업도 흑백을 이용한 명도 대비와 명암 표현이 생겨나게 되었다.

그림 2-3 중세

3) 근세(Modern times)

(1) 르네상스 시대

르네상스 시대는 종교보다는 인문주의를 중심으로 인간을 존중하는 문화가 더욱 중시 되었으므로 외모를 가꾸는 미용법 역시 절정을 이루었다. 문예부흥으로 인하여 메이크업이 활성화되었으며, 이 시대에 유행한 화장법은 여전히 흰 피부가 선호 되어졌고, 이마를 넓게 표현하기 위해 머리털을 깨끗이 면도하여 넓은 이마로 지적인 분위기를 나타내었다. 그리고 눈썹 또한 가늘게 미는 것이 유행되었다. 입술은 붉은색으로 작게 라인을 선명하게 그렸었다. 또한 이 시대는 창백한 듯한 피부에 크고 둥근 형태의 눈을 선호하였고 높고 뾰족한 콧대는 지적 이미지를 한층 부각시켜 주었으며, 메이크업의 전체 색조는 밝고 부드러운 톤으로 흘렀다. 뿐만 아니라 얼굴전체를 깨끗이 면도하는 것도 유행하였으며, 넓은 이마를 완전히 드러내어 머리를 뒤로 묶었다. 머리카락의 색은 대부분 황금빛을 선호하였다.

또한 이 시대에는 화장품이나 파우더, 향수 등의 유통이 원활이 이루어졌으므로 파우더나 루즈도 대중들 사이에서 널리 퍼져나갔다. 이후 16세기에는 르네상스의 최대 전성기를 맞아 미적 욕구가 극에 달하는 사치의 시대가 도래되어 메이크업뿐만 아니라 화려한 가발 사용과 사치스러운 목욕문화도 절정을 이루었다. 영국의 엘리자베스 1세때에는 남녀 모두가 화장품을 사용하였으며 여왕은 자신의 피부를 백옥처럼 희게 표현하고 붉은 입술, 붉은 머리카락으로 강조하였으며 이 시기의 대표적인 메이크업 패턴으로 자리매김하게 되었다.

그림 2-4 르네상스 시대

(2) 바로크 시대

17세기는 기독교 사상에서 벗어난 계몽사상 시기이다.

16세기의 균형과 조화를 강조한 르네상스와는 달리 율동과 색동감을 강조한 새로운 시대 시조가 나타나게 되었다.

17세기에 들어서면서도 귀족들의 사치는 끊임없이 이어져 갔는데 프랑스 궁정에서는 미인의 기준이 인위적 기교와 속박에서의 해방이라는 새로운 가치로 정립되면서 분을 바른 얼굴과 천사의 고결함을 상징하는 발그레한 볼이라는 유행을 탄생시겼다.

17세기 영국에서는 극장이 성행함으로 여성, 남성 모두에게 스테이지 메이크업(Stage make-up)이 유행되었다. 화려한 의상에 농후한 화장으로 분, 립스틱 등을 많이 발라 두껍게 화장한 얼굴은 초로 만든 인형 같았다고 한다. 향수는 몸 냄새를 감추기 위하여 남녀 모두 패치(Patch, 애교점)의 사용이 유행이었는데, 이는 피부의 광택을 증가시켜 얼굴을 미화하였다. 패치는 검거나 붉은 색으로 만들었으며 원형이 기본이었고 별, 타원, 초생달, 말, 마차의 모양도 있었으며 붙이는 장소에 따라 명칭이 있었다. 이것은 흉터 마마 자국을 감추기 위하여 사용되었으며 아교를 녹여서 붙여 주었다.

그림 2-5 바로크 시대

(3) 로코코 시대

18세기 로코코 시대는 남녀가 메이크업을 과장되게 하였다. 루이 15세의 프랑스에서는 혼란하고 무분별한 메이크업이 성행하였는데 특히 17세기 영국에서의 종이실크, 벨벳을 재료로 한 작은 검정색의 패치는 얼굴의 잡티 뿐 아니라 가슴에까지 붙여졌다. 당시에는 이런 피치가 사람을 젊고 매력적으로 보이게 한다고 믿었다. 남녀 모두 백납분을 사용하여 얼굴을 희게 하였고 볼과 입술에 루즈를 칠한 후 뺨에는 패치를 붙였는데 이 모습이 세련된 신사로 인식되었다. 18세기 프랑스의 남성 화장법은 여성적인 메이크업으로 로마나 이집트의 남성화장법보다 성행하였다. 가짜 눈썹은 남녀 모두에게 유행하였다. 립스틱은 펜슬 타입이 처음 등장하여 남녀에게 애용되었으며 여성의 헤어스타일은 매우 복잡하여 여러 날에 걸려 완성되어 오랫동안 이 형태를 보존하므로 이, 벼룩, 바퀴벌레, 쥐까지 있어 악취를 풍겼다. 이에 각종 향수가 필수적 화장품이 되었고, 향수 제조업은 성업을 이루었다. 18세기에는 독성이 없는 자연적인 색채용품으로 붉은 포도주의 찌꺼기나 장미꽃잎에서 추출한 붉은색 등을 사용하였다.

18세기 로코코의 여성들은 머리모양도 상당한 관심을 보였다. 18세기 초까지는 바로크 시대에 유행했던 퐁탕쥬(Fontange)형이 전성을 이루었으나 루이 14세가 사망한 후 퐁파두르(Pompadour) 형이라는 낮은 머리형이 유행하였다. 그 후 1760년경에는 헤어스타일이 높아지고 거대해져 로코코의 여왕이라 불리우는 마리 앙투아네트(Marie Antoinette)시대에는 높이와 장식기교에서 가능성의 한계까지 도달했다.

그림 2-6 로코코 시대

4) 근대

프랑스 혁명은 단순히 정치 분야 뿐만 아니라 사회의 모든 분야에 걸쳐 새로운 혁명을 가겼다. 자연주의 사상과 함께 귀족층을 중심으로 과도하고 인위적인 메이크업의 경향이 없어지고 두꺼운 화장에서 벗어나 자연스러운 화장으로의 변화가 빠르게 이루어졌다.

여성의 메이크업은 자연스러워졌으며 백납분 사용정도도 약해졌으며 입술과 볼의 루즈도 미덕으로 생각지 않았다. 나폴레옹의 세력이 약화되기 시작하면서 구 귀족의 세력은 다시 부활하기 시작하여 유행은 혁명 이전의 귀족풍으로 되돌아가는 듯하였으며 메이크업도 다시 색채를 되찾게 되었다. 볼연지와 입술 화장은 여전히 메이크업의 중심이 되었는데 볼연지의 위치가 볼 위쪽으로 옮겨진 것이 특징이었다.

공업의 기계화 물결과 뷰티 살롱(Beauty salon)이 생겨 귀족풍의 부인들은 자신의 모습을 변화 시켰다. 1830년경 로맨틱 풍조가 유럽을 휩쓸게 되면서 유럽 여성의 메이크업은 다시 흰 피부를 동경하게 되고 연약하고 감상적이며 창백한 여성상이 그 시대의 미인이었으므로 여성들은 피부에 해로운 백납분을 더욱 많이 사용하고 루즈는 볼과 입술에 약하게 발랐다. 당시 나폴레옹 3세의 황후 '우제니'는 눈썹을 물들이는 메이크업을 유해 시켰다. 또한 위생과 청결이 중요시 되어 비누의 사용이 보편화 되었었다. 그리고 이전까지의 왕족이나 귀족의 전유물이었던 크림이나 로션도 일반 시민들이 쉽게 구할 수 있었으며 질도 향상되고 제품도 다양해졌다. 특히 1866년 산화아연을 만들어냄으로써 로마시대 이래 여성의 피부에 심각한 해독을 주었던 백납분 보다 훨씬 안전하고 새로운 화장품의 재료가 전 유럽과 미국으로 퍼졌다.

그림 2-7 근대

5) 현대

(1) 1910~920년대

인체와 피부에 대한 과학적 지식이 발전하고 화장품의 대량생산이 합법화 되면서 19세기 말부터 시작된 화장품의 산업화가 가속화 되었으며 정기 간행물에 미용에 관한 기사의 비중이 전보다 커지면서 여성들의 화장품과 화장술에 대한 관심은 더욱 높아졌다.

여성들은 무성영화 속에 등장하는 배우들의 의상, 메이크업, 헤어스타일에 관심을 갖기 시작하였다.

19세기에서 20세기로 넘어가는 시기에는 아르누보가 등장하였으며, 1909년에는 러시아 발레단의 공연을 계기로 동양적인 색채와 스타일이 등장하였으며, 이런 오리엔탈의 느낌은 패션에서는 폴푸와레에 의해 동양적인 색채와 실루엣의 의상 디자인으로 전개되었고 메이크업에서도 오리엔탈의 영향으로 선에 대한 표현과 강렬한 색조가 등장하기 시작했다.

1914년에 시작된 제 1차 세계대전 이후 미용은 토탈 개념으로 등장하게 되었으며 전쟁 후 여성들은 강정에서 벗어나 현장에 나가 일을 하게 되므로 과거처럼 화려한 치장과 화장에 많은 시간을 쏟을 수 없게 되었다. 그리하여 간편한 머리 손질을 위해 커트가 등장하게 되었고 회장 역시 간편한 제품들이 나오게 됨으로 시간이 단축되어 갔다.

그림 2-8 1910~1920년대

(2) 1920~1930년대

1929년에 시작된 경제공황의 영향으로 활동적인 여성보다는 온화하고 부드러우며 성숙한 여성미가 주목받게 되었다. 메이크업, 헤어, 패션에서도 이런 시대적 분위기에 따라 부드럽게 변화 하였다. 그러나 1939년 제2차대전이 일어나면서 사회의 분위기는 다시 바뀌어 우아한 여성상은 밀려나고 강하고 활동적인 여성상이 등장한다. 스커트 길이는 경제공황 이전처럼 다시 짧아지고 군복 분위기의 밀리터리 룩(Military look)이 유행하기 시작하였다.

그레타 가르보(Greta Garbo)와 마를린 디트리히(Marlene Dietrich), 조안 크로포드(Crawford), 진 할로우(Jean Harlow) 등의 할리우드 스타들이 새로운 스타일의 공급처였으며 이들은 자연주의적 스타일을 버리고 정교하고 우아한 여성미를 강조하기 위하여 얼굴에 파운데이션을 바르고 둥글고 정교하게 그려진 눈썹과 뚜렷하게 강조된 입술화장, 눈이 움푹 들어가 보이도록 한 아이섀도우와 검정과 푸른색의 마스카르를 사용한 신비로운 눈화장을 유행시켰다.

그림 2-9 1920~1930년대

(3) 1940~1950년대

2차 세계대전으로 인한 심각한 물자부족은 화장품업계에도 찬바람을 불러 일으켰다.

화학제품을 원료로 생산되는 점을 고려한다면 당연한 조치이긴 했지만 미국의 「전쟁물자 생산위원회」는 화장품 생산량을 크게 감소시켰다. 또한 1940년「연방 식품의약품」이 제정되어 모든 식품의약품, 화장품류는 FDA에서 품질허가를 받은 후 판매가 허용됨에 따라 납 등을 사용해 왔던 유독성 화장품 문제가 비로소 해결되기 시작했다.

1940년 대 후반에 접어들면서부터 메이크업 산업은 다시 활기를 찾기 시작한다. 크림형 및 액체형 파운데이션 개발되어 판매되기 시작했고 리필형 립스틱이 크게 성공하였다.

또한 전쟁이 끝난 후 경제적 번영의 도래를 의미하듯 풍부하고 화려한 립스틱이 강조되었고 눈 화장이 발달하기 시작했다.

1949년 겨울부터 파리를 중심으로 불기 시작한 소위「사슴 눈 모습의 아이메이크업」은 전 세계적으로 번져나갔다. 1950년 중반까지 계속된 이 메이크업 풍조는 눈의 위쪽 아이라인을 바깥쪽으로 연장하고 눈꼬리 부분을 올라가도록 그려주었으며 눈썹위에 각종 새로운 색을 그려 얼굴을 강조하였다.

1950년대 중반에 들어서는 눈썹 끝이 바깥쪽으로 길게 올라가는「만다링」식 메이크업이 유행 하였고 후반에는 내추럴 톤의 메이크업이 유행하기도 하였다.

전쟁 후 크리스티앙 디올의 라인시대로 여성미가 부활된다. 대표적 유행 선도자는 요염한 스타일의 마릴린 먼로, 요정같은 모습의 오드리 햅번, 귀족적 분위기의 그레이스 켈리, 자연스럽고 건강한 야성미의 브리짓드 브르도 등이 유행을 선도했다. 오드리 햅번은 굵게 강조한 눈썹과 치켜 올라간 아이라이너로 젊음을 강조했고, 브리짓드 바르도는 자연스럽게 헝클어진 부드러운 긴 헤어스타일에 눈을 강조하고 입술은 옅은 핑크빛으로 칠하였다. 마릴린 먼로는 아이라이너를 길게 그리고 얼굴 윤곽을 강조하고 새빨간색의 입술로서 순진하고 관능적인 모습을 표현했다.

그림 2-10 1940~1950년대

(4) 1960년대

'혁명의 60년대'는 2차대전 후의 많은 인구비율을 차지한 베이비 붐 세대들이 실직적인 경제 세력을 형성하고 문화적으로도 주체가 되는 시기였다. 이 시기에 나타난 히피문화는 메이크업에 있어서 기존의 질서를 무너뜨리고 새로운 양식을 창조하는 전환점을 마련하였다. 영국의 모델이었던 '트위기(Twiggy)'가 즐겨하던 화장법이 유행되면서 검정아이라이너와 마스카라를 사용해서 두껍게 발라 눈을 강조하고 속눈썹도 붙였다. 피부는 창백하게 표현하였으며 피부 톤과 같이 연하고 밝은 색의 파우더를 이용하였다. 또한 입술도 은은한 색으로 마무리 하였다.

1960년대 후반에는 자연스러운 아름다움이 더욱 주목받게 되었는데 60년대 초기의 기하학적 인위적인 형태, 상업주의에 대한 반발로 히피스타일이 더욱 각광을 받아 특히 젊은층을 중심으로 팽배된 물질문명에서 벗어나 새로운 문화의 가능성을 보여 주었다.

그림 2-11 1960년대

(5) 1970년대

1970년대에는 자연스럽고 투명한 피부색이 인기를 끌면서 가볍게 바를 수 있는 라이트 파운데이션이 선을 보였고 눈썹형태도 더욱 자연스러워졌다.

흰 피부를 무조건 선호하던 풍조도 바뀌어 건강한 피부를 갖기 위해 일광욕을 즐기는 등의 새로운 피부 관리 패턴이 생겼으며, 내면의 이미지까지 표현할 수 있는 세련된 화장형태로 발전 하였다. 1978년과 1979년에는 반지향적이고 반현실적이며 거치고 기이한 인간의 일면을 나타내는 펑크아트가 유행주류에 도입되기도 하였다. 그들은 보는 사람들로 하여금 인상을 찌푸리게 만드는 정도의 혐오스럽고 위협적인 외모로써 그들의 저항과 부정의식을 대변했다.

하지만 얼마 지나지 않아 이렇게 획일적이고 일률적인 메이크업보다는 개개인의 개성이 살려지는 화장법이 주를 이루어 갔으며 후반기에 들어서면서 화장이 본격적으로 내츄럴 분위기로 흘렀다.

그림 2-12 1970년대

(6) 1980년대

예술과 문화에 있어 다원화의 양상이 더욱 뚜렷해지는 1980년대는 패션과 미용분야에서도 성의 구별을 뛰어넘어 인간을 하나의 개성적인 존재로서의 이미지를 부각시키는 앤드로지너스 룩이 나타났다. 또한 스포츠에 대한 관심이 증대되어 에어로빅과 그을린 어두운 톤의 피부색이 유행하는 등 육체와 정신이 함께 건강한 아름다움이 이상적인 여성으로 인식되게 되었다. 경제부흥을 이룬 고도성장기로서 컬러 메이크업이 강세를 보이기도 한다. 매트한 느낌이 주류를 이루었으며 두꺼운 눈썹이 유행되었다.

기능성 화장품의 개발도 가속도가 붙어 여드름 치료 효과가 있는 화장품이나 노화방지 크림등이 나왔고 마스카라도 여러 가지 기능의 제품이 나와서 눈화장을 하는데 편리하게 되었는데, 셀룰로즈(Cellimlose)를 이용해서 속눈썹을 풍성하게 보이게 하는 마스카라도 방수가 되어 여름에 사용하기 편리한 워터 프루프(Water-proof) 마스카라 등도 등장하였다.

그림 2-13 1980년대

(7) 1990년대

1990년대로 접어들면서 포스트모더니즘의 영향으로 자극적이고 화려한 하나의 이미지가 강조되기 보다는 과거로부터 유행되어 왔던 모든 스타일을 자연스럽게 조화시켜 표현하는 신복고풍 방식으로 흐르고 있다. 또한 90년대 이르러 '녹색운동', '환경문제' 등이 대두되면서 메이크업(Make-up)이나 헤어스타일(Hair stuile), 패션(Fashion)까지 내츄럴(Matural)풍이 강세를 보였다. 천연재료의 추출물로 화장품을 만들어서 스킨케어(Skin Care)에 관심을 고조시켰으며, 자연스런 피부를 표현하고자 했고 아이섀도우와 립스틱 색상도 자연스럽고 은은한 색을 대체로 선호하게 되었다. 뿐만 아니라 눈부신 향장 산업의 발달로 인해 고기능성 화장품의 개발로 대중의 화장문화를 한 단계 높여 왔으며 또한 세기말을 향해 가면서 사이버, 테크노, 이미지 등의 유행 메이크업(Trend make-up)이 선보이는가 하면 한쪽에선 자연을 돌아가고자하는 자유감성의 인간적 표현인 에콜로지(Ecologie)풍이 선보이기도 했다.

그림 2-14 1990년대

2. 우리나라 분장의 흐름

1) 고대의 메이크업

아주 오랜 선사 시대부터 우리 민족은 생활 중에 미적 가치 기준을 정하고 있었으며, 그 시기에는 미화의 목적 이외에도 자신들의 종족이나 계급을 표시하기 위해 얼굴이나 몸에 착색을 했었다. 또한 토속신앙이 왕성하였던 우리나라는 신에게 제를 올릴 때 역시 주술적인 의미로 분장을 하였다. 고조선 시대부터 우리 민족들은 외모 가꾸기에 소홀하지 않았음을 알 수 있는데, 우리나라의 메이크업은 선사시대 유적지에서 출토된 원시형의 장신구들에게 그 시초를 엿볼 수가 있다. 목이나 팔목에 걸거나 손가락에 끼울 수 있도록 만든 조개껍데기나 짐승의 뼈나 이빨을 갈아 줄줄이 꿴 것, 여러 가지 돌이나 금속으로 만든 곤옥, 관옥 등이 그것이다.

단군신화에서도 원시적 메이크업 테크닉의 흔적이 엿보이는데 환웅이 인간이 되기를 원하는 곰과 호랑이에게 쑥과 마늘을 먹으며 100일 동안 어두운 동굴 속에 있으라고 한 것은 흰피부로 변신하기 위한 주술이라는 견해가 그것이다. 쑥과 마늘은 양념이나 약재로 쓰였지만 민간에서는 예전부터 쑥을 달인 물로 목욕을 하여 피부의 미백효과를 기대 했고, 갓 찧은 마늘을 섞어 얼굴에 발랐다가 씻어 냄으로써 피부의 미백 외에 잡티, 주근깨, 기미 등을 제거하기도 하였다.

부족국가 시대에 한반도 동북쪽에 살았던 읍루 사람들은 겨울에 돼지기름을 발라 피부를 부드럽게 하여 동상을 예방했으며, 또 말갈 사람들은 오줌으로 세수를 하여 피부미백의 수단으로 삼았다고 한다. 한편 한반도 중부 이남의 삼한 사람들은 문신을 했다는 기록도 있다. 채갑총에서 출토된 벽화를 보면 머리가 정돈되어 있으며 눈썹화장을 하고 있다.

2) 고구려

삼국 중 중국과 지역적으로 가장 인접한 고구려는 신라나 백제에 비해 화장 문화의 유입이 빨랐다. 삼국 중 가장 먼저 선진화 된 고구려에서는 연지의 제조 기술이 발달하여 이본에 전파되었는데, '유고천왕 18년(AD 610) 9월에 고구려의 담징이 연지의 종자를 가지고 왔다'고 전해진다. 고구려 사람들은 신분과 직업에 따라, 그리고 평상시와 나들이 및 의례를 구별하여 달리 치장했다고 한다.

5~6세기경 축조되었으리라 추정되는 평안도 수산리 고분 벽화의 귀부인상에서는 여인이 머리에 관을 쓰고 뺨과 입술에 연지화장을 하고 있으며, 쌍영총고분 벽화의 여인상에서도 시녀로 보이는 주인공들이 연지화장을 하고 있다.

이밖에 고구려 고분에서 출토된 관, 관장식, 귀걸이, 반지, 팔지, 비녀 등의 장신구에서 고구려인의 미의식을 알 수 있다.

그림 2-15 고구려

3) 백제

백제의 경우 구체적인 기록이나 출토품이 적어 고구려나 신라에 비해 메이크업의 정도를 제대로 가늠하기가 매우 어려운 설정이다. 그러나 삼국 중 가장 앞선 문화적 수준을 자랑하고 있었다는 사실로 미루어 볼 때 백제인들도 나름대로 메이크업 테크닉이 발달했으리라는 것은 분명하다. 일본의 화한삼재도회라는 도감에 일본이 백제로부터 메이크업 테크닉과 화장품 제조 기술을 배워간 다음에야 비로소 메이크업을 하기 시작했다는 기록이 있다.

백제인들은 소박하고 엷은 화장을 즐겼다고 전해지는데 중국 문헌에 '백제 사람들이 화장 경향은 분은 바르되 연지를 바르지 않았다' 라고 기록되어 있다고 한다. 이를 보면 백제인들은 엷고 은은한 화장을 좋아했던 것으로 보인다.

그림 2-16 백제

4) 신라

신라는 박혁거세의 일화가 시사하는 듯이 아름다운 육체에 아름다운 정신이 깃든다는 영육일치의 사상이 국민정신의 바탕이 되어 남녀가 모두 깨끗한 몸과 단정한 옷차림을 추구하였다. 통일 이전에 메이크업을 엷게 하는 것이 유행이었으나 통일 이후 문무왕 4년에 여성의 복제를 중국식을 바꿀 때 중국여인의 짙은 색조화장도 함께 들어와 통일 신라의 메이크업이 다소 화려해졌다.

영육일치사상의 확산으로 남성도 귀걸이, 팔찌, 목걸이 등을 장식했으며, 여성의 긴 머리를 미의 척도로 여겼으며 동백, 홍화, 수유, 아주까리 등의 기름을 발랐는데, 이것은 지금의 헤어오일의 시작이다. 백합꽃의 붉은 수술가루로 색분을 만들어 사용하였으며, 홍화(연꽃)와 돼지기름 등을 혼합하여 연지를 만들어 사용하였는데 건강한 모습을 나타내기 위해 입술과 볼, 이마에 붉은색의 연지를 발랐다.

이 시대에는 흰색 백분이 사용되기 시작하였는데 백분은 얼굴을 희게 보이게 하며 잔주름과 얼굴의 결점을 감추어 주는 장점이 널리 사용되었다. 백분의 '분'의 의미는 쌀로 만든 가루였다. 또한 남성의 미용도 화랑에 의해 발달되어 분화장이 유행되었다.

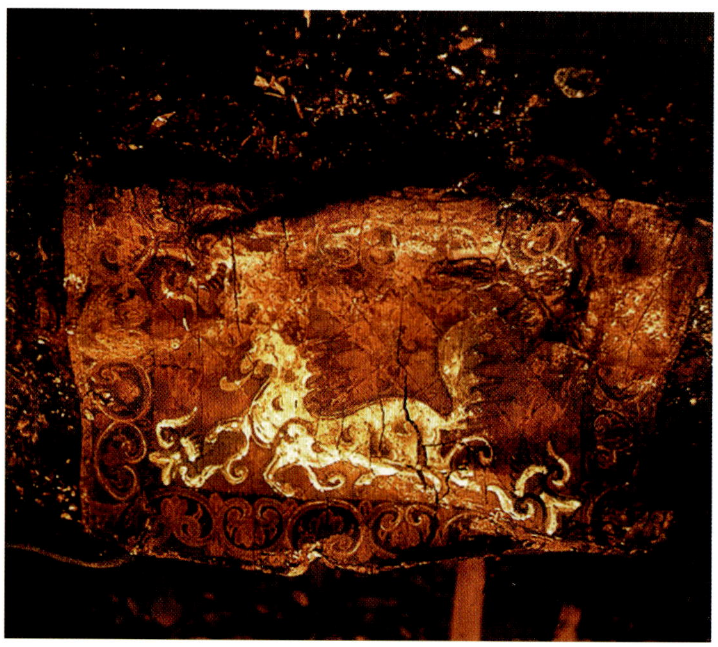

그림 2-17 신라

5) 고려

고려시대의 메이크업은 신라의 메이크업 문화가 전승, 발전된 것이라 할 수 있다. 태조왕건은 정책적으로 화장을 장려하고 화장법도 가르쳤다. 왕건은 교방을 만들어 여러 가지 교양과 몸매를 익히게 했으며 아름다움을 창조하기 위해 화장법도 가르쳤다.

이러한 사회적 제도는 '분대'라는 독특한 화장 스타일과 고려시대 여성 화장의 이원화를 가져왔는데, 그 당시의 기생들은 교방에서 가르쳐준 대로 분대화장을 했고, 여염집 여성들은 이에 대한 반작용으로 담장을 함으로써 기생과 구분되고자 했음을 알 수 있다. 교방에서의 분대화장은 눈썹 화장과 연지화장 위에 백분을 덧바르는 짙은 화장으로 여염집여인들의 화장과는 구분되었다. 눈 화장에는 눈썹 그리기와 아이섀도우가 있는데 미묵을 사용하여 버들잎 모양의 눈썹을 그렸으며 색 가루를 이용한 눈 화장은 조선시대에 다양하게 발전하게 된다. 한편, 고려시대의 화장 기법에 있어 무엇보다 주목할 사항은 안면용 피부 보호제인 면약의 사용과 염모가 행해졌다는 것이다.

그림 2-18 고려

6) 조선

그림 2-19 조선

조선시대에는 유교 윤리를 크게 장려한 결과 여성은 외면의 아름다움보다 내면적인 아름다움 즉, 부덕이 강조되어 메이크업이 천한 행위로까지 인식되었다. 이런 사회적 경향은 오히려 화장의 세분화를 가져와서 여염집 여성들의 화장과, 기생이나 궁녀 등 특수 계층 여성의 의식용 화장이 더욱 뚜렷이 구분되었다. 즉, 여염집 규수와 부인들은 평상시에는 화장을 하지 않고 연회나 특별한 나들이 때만 화장을 하였는데 직업여성으로 오해받지 않으려고 분대 화장을 애써 기피했기 때문에 분대화장은 더욱 기생의 상징이 되었다. 이것은 남성들의 이원화된 여성관에도 기인한다. 즉, 아내와 며느리로는 건강하고 성격이 원만하고 인내심이 강하며 골격과 인사인 유자후덕한 여성을 으뜸으로 여겼고, 소실이나 기생으로는 옥같이 흰 살결, 초승달같이 가는 눈썹, 삼단같이 치렁치렁한 숱 많은 머리, 복숭빛 뺨, 앵두같은 입술, 세류같이 가는 허리 그리고 은쟁반에 옥구슬 구리듯 낭낭한 목소리의 여인을 최고로 쳤기 때문이다.

조선시대에는 나름대로 화장품 제조술이 크게 발달하였는데 숙종 때 이미 화장품을 팔러 다니는 해상이 있었다는 기록이 있다. 그리고 당시의 여성백과격인 규합층서라는 책에는 여러 가지 향 및 제조방법이 수록되어 있었는데 이상을 보더라도 웬만한 가정에서는 직접 화장품을 만들어 사용했음을 알 수 있다. 또 조선시대의「여용국평란기」라는 한글 소설에 따르면 그 당시 여인들이 연지, 분, 향, 밀기름, 곤지, 참기름, 연분 등의 화장용구가 있었음이 기록되어 있다. 또한 조선시대 여인들의 필수 화장품인 분백분은 피부를 백옥처럼 희게 표한하기 위해 많이 사용되었는데, 이분에는 납성분이 너무 많아 함유되어 있어 그 후 잦은 부작용을 초래하기도 하였다.

7) 개화기

강화도 조약(1876)에 따른 개항 이후 우리나라에는 신식 화장법이 물밀듯 밀려들어왔다. 처음에는 주로 일본과 청나라로부터 유입되었으나 한일합병 이후 1920대에는 수입선이 프랑스를 주로 한 유럽으로까지 확대되었다. 수입 화장품은 주로 크림, 백분, 비누, 향수 등이었는데 포장과 품질이 우수하여 여성들로부터 대단한 인기를 끌었다. 이와 같은 수입 화장품의 인기는 우리나라 화자품의 산업화를 촉진시키는 수공업으로 제조되기 시작한 박가분이 품질개량과 포장개선을 꾀하여 1922년에는 정식으로 제조허가를 받기에 이르렀다.

박가분은 그 당시 처음으로 관청에 등록을 한 국산 화장품 제1호라고 할 수 있다. 그리고 이 화장품은 일반인들에게도 널리 보급되어서 대중화를 이끌었다. 이러한 의미에서 박가분의 개발은 우리나라 화장품 발달에 큰 업적을 세운 것이라 하겠다.

그 후 일본 유학생 오엽주가 종로 화신백화점에 처음으로 미장원을 개업하고 새로운 화장법과 바니싱 크림 등의 신식 화장품을 소개하였다. 또 그는 입술연지를 아랫입술에만 빨갛게 바르고 눈썹을 초승달 모양으로 그리는 화장법을 유행시키기도 했다.

그림 2-20 개화기

3

메이크업 제품 및 도구의 종류와 기능

Chapter 3
메이크업 제품 및 도구의 종류와 기능

1. 메이크업 제품의 종류와 기능

(1) 메이크업 베이스 (Make-up Base)

메이크업 베이스는 화운데이션을 바르기 전에 발라주어 화운데이션의 표현 효과를 더욱 상승시켜 주며, 색조화장으로부터 피부를 보호해 준다. 메이크업 베이스를 바르게 되며 피부에 흡착되어 피부 보호막을 형성해 주고, 화운데이션의 밀착감을 높여주는 역할을 한다.

① 메이크업 베이스의 기능

- 화운데이션 및 색조화장으로부터 피부를 보호해 준다.
- 피부색을 보정시켜 준다.
- 화운데이션의 밀착감을 높여 준다.
- 메이크업을 오래 지속시켜 준다.

② 메이크업 베이스의 색상별 분류

피부 색깔이나 원하는 피부 표현에 따라 메이크업 베이스의 컬러를 할 수 있다.

컬 러	기 능
그린	붉은 피부톤을 조절하거나 잡티가 많은 얼굴에 사용하여 피부를 표현 해준다.
블루	피부를 희게 표현하거나 얼굴의 붉은 기를 커버하고자 할 때 사용한다.
핑크	핏기 없는 창백한 피부에 혈색을 부여한다.
옐로우	까무잡잡한 피부를 노르스름하게 중화시킬 때 사용한다.
오렌지	쎈텐한 느낌의 건강한 피부색을 표현할 때 사용한다.
퍼플	동양인과 같은 노란기가 많은 피부에 사용하며, 기미 커버나 청순한 메이크업을 원할 때 사용한다.

③ 메이크업 베이스의 형태별 분류

형 태	기 능
크림타입	끈적임을 막아주는 오일 프리형으로 지성피부를 가진 사람에게 적합하다.
젤타입	청량감을 느끼게 하여 땀이나 피지 분비가 많은 피부 타입이나 여름철에 적합하다.
에센스타입	건조해지기 쉬운 피부에 보습성분을 줄 수 있으므로 건성피부 타입이나 가을, 겨울철에 적합하다.
컨트롤타입	촉촉하면서 커버력이 강하므로 잡티가 많은 피부에 적합하다.

(2) 프라이머 (Primer)

투명하고 매끈한 도자기 같은 피부표현이 유행하면서 프라이머 라는 언더 베이스가 등장하였다. 프라이머는 실리콘 오일이나 실리콘 유도체를 함유하고 있어 피부 위의 미세한 요철을 메워 실크처럼 매끈한 피부를 만들어 주는 역할을 한다. 또한 모공을 덮는 효과로 인해 과다한 피지 분비를 막아 도자기 같은 피부를 연출하는데 효과적이다. 메이크업 베이스의 기능이 피부의 색상을 컨트롤 하는 것이라면 프라이머의 기능은 피부의 결을 컨트롤 하여 매끈한 텍스춰를 표현하는데 있다.

① 프라이머의 형태별 분류

형 태	기 능
젤타입 프라이머	수분감이 많아 건성피부에 적합하다.
로션타입 프라이머	모든피부에 적합하며 자외선 차단 성분이 들어있다.
실리콘타입 프라이머	모공을 막는 기능이 탁월해 땀이나 피지분비가 많은 지성피부에 적합하다.
아이 프라이머	눈가 전용 프라이머로 눈 주위의 화장이 번지는 것을 막아준다.

(3) 파운데이션 (Foundation)

화운데이션은 메이크업 시 피부색을 통일시켜 아름다운 피부 표현을 해주며, 포인트 메이크업이 더욱 돋보이게 하는 역할을 한다. 그리고 여러 가지 외부의 변화로부터 우리 피부를 보호해 주는 역할도 함께 한다.

① 파운데이션의 사용 목적

- 피부색을 일정하게 조절하며 아름답고 자연스러운 피부색을 표현한다.
- 피부의 결점인 기미, 주근깨, 잡티를 커버해 주므로 포인트 메이크업을 돋보이게 해 준다.
- 자외선, 온도변화, 공해, 먼지, 바람 등으로부터 피부를 보호한다.
- 색상이 다른 화운데이션을 하이라이트와 쉐딩으로 나누어 발라줌으로써 얼굴의 윤곽을 수정해주며 입체적 메이크업으로 완성시켜 준다.

② 파운데이션의 기본 3컬러

형 태	기 능
베이스 컬러 (Base color)	얼굴전체 도포하는 컬러로 모델의 피부색 과거의 같거나 한 단계 밝아노 무방하나 주로 귀 뒤나 목딜미에 제품 길러를 테스드하여 선택한다.
섀딩 컬러 (Shading color)	베이스 컬러보다 1~2단계 어두운 컬러로 코의 측면, 각진 턱, 넓은 이마 등에 사용하여 수축, 후퇴, 축소되어 보이는 효과를 준다.
하이라이트컬러 (Highlight color)	베이스 컬러보다 1~2단계 밝은 컬러로 T존 부위, 눈 밑 턱(입술 밑), 야윈 뺨 등에 사용하여 팽창, 확대되어 보이는 효과를 준다.

③ 파운데이션의 형태별 분류

종 류	기 능
무스 화운데이션	커버력이 약하며 베이스 화장을 거의하지 않은 듯한 가벼운 느낌을 주는 제품이다.
리퀴드 화운데이션	수분기가 많은 화운데이션으로 커버력이 약해서 사회초년생이나 여름철에 사용하기에 적합하며, 지성피부에 사용이 용이하다.
크림 화운데이션	가장 대중적인 타입의 화운데이션이라고 할 수 있으며 적당한 커버력을 지니고 있다. 또한 유분이 많아 사령감이 부드럽고 건성 피부에 많이 사용되며, 주로 중년층에서도 많이 사용한다. 계절상으로는 가을, 겨울철에 사용하면 더욱 효과적이다.
스킨 커버	피부에 잡티가 많아서 완벽한 커버를 필요로 하는 경우 사용이 되며, 커버력이 강한 만큼 피부에 느끼는 부담이 클수도 있다. 메이크업을 지울 때는 크린징에 각별히 신경을 써야한다.
스틱 화운데이션	피부에 잡티가 많아서 완벽한 커버를 필요로 하는 경우 사용이 되며, 커버력이 강한 만큼 피부에 느끼는 부담이 클수도 있다. 메이크업을 지울 때는 크린징에 각별히 신경을 써야한다.
파우더 화운데이션	매트한 타입의 화운데이션으로 휴대하기 간편하며 스피드한 메이크업 시에 많이 사용된다.
투웨이 케익	자외선 차단제가 포함되어 있어 주로 자외선이 강한 봄, 여름철에 많이 사용되며 매트한 타입이어서 휴대하기 간편하다.
팬케익	방수성과 내수성, 지속력이 대단히 우수하여 장시간 흩트러짐이 없는 제품으로서, 신부화장이나 장시간 조명을 받는 패션쇼나 광고 촬영 시 모델에게 시술이 용이하다. 고형인 팬케익을 갈아서 물과 색을 조절하여 해면 스펀지나 팬케익용 브러쉬를 이용하여 바른다.
컨실러	커버스틱이라고도 하며 화운데이션을 바르기 전에 심한 잡티나 점부위에 부분적으로 바른다. 커버력이 아주 뛰어나므로, 잡티나 흉터 커버에 용이하다.

(4) 파우더(Powder)

파운데이션의 유분기 제거와 난반사 효과를 지니므로 파운데이션 위에 누르듯이 발라서 메이크업의 지속효과를 더 해준다.

① 파우더의 사용 목적

- 파운데이션 화장 후 번들거림을 방지하여 메이크업을 고정시켜 주며 지속시켜 준다.
- 난반사 효과를 지니므로 자외선으로부터 우리 피부를 보호해 준다.
- 차분하고 자연스러운 피부색을 표현한다.

② 파우더의 색상별 분류

색 상	기 능
투명파우더	자연스러운 피부표현 시에 사용되며, 파우더 자체의 색이 거의 없으므로 파운데이션의 색상이 그대로 나타난다.
그린계열 파우더	붉은기가 많은 얼굴에 사용되며, 붉은색을 중화시켜 준다.
핑크계열 파우더	창백한 피부에 혈색을 부어하고자 할 때 사용한다.
바이올렛계열 파우더	화려한 분위기를 연출하무로 이브닝 메이크업이나 파티 메이크업 시에 많이 사용된다.
브론즈계열 파우더	오클계통의 건강한 듯 그을린 피부를 표현할 때 사용된다. 또한 방송용 메이크업이나 사진 촬영 시에도 사용하면 얼굴윤곽이 차분히 가라앉아 보이는 효과도 나타낸다.
휘니쉬 파우더	메이크업을 마무리하는 과정에서 쓰여지며 펄을 함유하고 있으므로 파티 메이크업이나 웨딩 메이크업 시 바르면 화사한 느낌을 최대한 발휘 할 수 있다.
베이지 계열	가장 무난한 색생으로 얼굴 전체의 피부 톤을 차분하게 해주며 다양한 톤의 베이지 색상이 있으므로 얼굴 톤의 색상을 잘 고려하여 사용한다.
화이트 계열	주로 하이라이트에 사용하며 가부끼 화장이나 삐에로 분장 시에도 사용한다.
옐로우 계열	선탠한 피부나 가무잡잡한 피부에 적당하다.

③ 파우더의 형태별 분류

종 류	기 능
컴펙트 파우더 (Compact powder)	파우더를 고형을 만든 제품으로 사용이 간편하여 외출 시 수정용으로 많이 애용된다. 가루분 파우더보다 커버력이 뛰어나다.
루즈 파우더 (Loose powder)	파운데이션의 유분기를 제거하고, 지속성을 유지시켜 주며, 자외선 차단 효과가 있으며 내추럴 한 피부표현에 효과적이다.
펄 파우더 (Pearl powder)	파우더에 펄가루가 섞인 제품으로 글로시나 쉬머 메이크업의 분위기를 연출할 때 주로 사용한다.
스타 파우더 (Star powder)	입자 크기에 따라 다양하게 사용되며 펄 파우더보다 더 화려한 분위기를 연출할 때 부분적으로 사용된다.

(5) 아이브로우 (Eyebrow)

아이브로우 펜슬을 사용하여 눈썹의 형태를 스케치하고 섀도우 색상을 선택한 후 앵글 브러쉬 등으로 눈썹을 완성한다.

얼굴형이나 메이크업의 주제에 따라 눈썹형이 다양해진다. 얼굴이 긴 사람은 눈썹의 상승형이나 각진형은 피하며, 얼굴이 둥근형은 둥근 눈썹을 피하고 얼굴에 살이 없는 마른형은 각진형이나 일자형 눈썹을 피한다.

① 아이브로우의 형태별 분류

종 류	기 능
팬슬	휴대가 간편하고 사용이 편리하지만 인위적이다.
케익	브러쉬를 이용하여 자연스럽고 견고한 눈썹을 그릴때 사용한다.

② 아이브로우의 색상별 분류

색 상	기 능
블랙	헤어컬러가 블랙이거나 한복 메이크업시에 어울리며 흰피부를 가진사람에게 어울린다.
그레이	안정, 자연스러움, 침착하며 젊어 보인다.
브라운	우아, 세련, 여성스러움이 있으나 나이 들어 보인다.

(6) 아이섀도우(Eye shadow)

아이새도우는 눈의 음영을 주어서 깊이 감 있는 눈매를 만들어 주며 눈모양의 수정과 보완을 할 수 있다. 더불어 아이새도우의 색상이 전체 분위기와 잘 조화를 이루면서 각 색상이 갖는 고유의 이미지를 자신의 분위기에 맞게 충분히 전달 할 수 있다.

① 아이새도우의 사용 목적

- 눈에 색감과 음영을 주어서 눈매를 수정 보완해 준다.
- 자유로운 색의 표현으로 다양한 분위기를 연출한다.
- 아이새도우의 색상과 전체 분위기를 조화시켜 세련미를 강조한다.

② 아이새도우의 색상별 분류

색 상	기 능
핑크계열	소녀다움과 어려보이는 느낌이 강조되며, 흰피부에 적합하다.
그린계열	젊고 생기있어 보이며 신선한 느낌을 준다. 봄 메이크업에 포인트색으로 많이 활용된다.
블루계열	시원하고 차가운 느낌을 주며 젊고 깨끗한 이미지를 갖는다. 여름 메이크업에 응용된다.
바이올렛계열	귀족적이며 우아한 여성미가 강조되며, 흰 피부에 잘 어울리고 파티 메이크업에도많이 쓰인다.
오렌지계열	따뜻한 느낌을 주며 밝고 쾌활하고 건강한 이미지를 갖는다. 썬텐(Suntan)한 듯한 약간 검은 피부엘 잘 어울린다.

③ 아이새도우의 형태별 분류

종 류	기 능
케익타입 (Cake type)	가장 일반적인 타입이다. 눈에 자극이 없고 피부 밀착감이 우수하다. 색상이 다양하며 휴대하기도 간편하다.
크림타입 (Cream type)	유분이 함유된 타입으로서 사진이나 TV, 무대메이크업에 많이 이용되며, 발색도가 선명하고 지속력이 있다.
펜슬타입 (Pencil type)	손쉽게 메이크업 하고자 할 때 효과적이므로 초보자에게도 사용이 용이하다. 모양은 펜슬형으로 되어있어 휴대와 사용이 간편하다.
파우더타입 (Powdwr type)	가루제품으로 요즘에는 펄이 섞인 제품이 유행하고 있으며 주로 하이라이트용으로 많이 사용된디. 바디페인팅, 환타지 메이크업시에도 꼭 필요하다.

(7) 아이라이너(Eyeliner)

① 아이라이너의 사용 목적

아이라이너은 눈을 선명하고 또렷하게 해주며, 눈에 생동감을 불어 넣어주고, 눈 모양을 수정해준다.

② 아이라이너의 색상별 분류

색 상	기 능
블랙	선명하고 또렷한 눈동자를 나타낼 때 쓰이므로 가장 무난하게 대중적으로 사용된다.
브라운	아주 큰 눈 또는 인상이 강한 눈을 자연스럽게 표현할 때 사용된다.
그레이	세련된 분위기를 연출하고자 할 때 사용되나 나이가 들어보일 수 있으므로 주의하여야한다.
블루, 바이올렛	주로 시원하고 깨끗한 여름 메이크업에 많이 사용되며 의상색과 메이크업 패턴에 의해 필요에 따라 특별히 사용된다.

③ 아이라이너의 형태별 분류

종 류	기 능
펜슬 타입 (Pencil type)	자연스러운 분위기가 연출되며, 그리기가 쉬우므로 초보자에게 적합하다. 그러나 잘 번지는 단점이 있다.
리퀴드 타입 (Liquid type)	선명한 눈매를 만들 수 있으며 번지지 않고 오래 지속이 된다. 그러나 그리는 기술이 요구되므로 초보자에게 부적합하다.
케익 타입 (Cake type)	물을 섞어서 그리는 것으로 선명하고 번들거림이 없으며 잘 번지지 않는다.
아이새도우 타입 (Eye shadow type)	가장 자연스럽게 표현되며 브라운, 검정 등 다양한 컬러로 라인을 연출할 수 있다.
젤 타입 (Jell type)	크리미한 타입으로 아이라이너 브러쉬를 이용하여 쉽게 눈매를 연출할 수 있다. 건보가 빠르고 번지지 않으며 리퀴드 아이라이너에 비해 자연스럽고 내수성이 있어 지속력이 크다.

(8) 마스카라(Mascara)

① 마스카라의 사용 목적

마스카라는 속눈썹이 길고 진해 보이게 하므로, 눈이 크고 생기가 있어 보인다. 특히 동양인은 지방이 많은 눈꺼풀을 가졌으므로 눈썹에 마스카라를 하게 되면 더욱 깊이 있는 눈매를 연출할 수가 있다.

② 마스카라의 색상별 분류

색 상	기 능
블랙	선명한 눈매와 깊은 눈매를 연출하며 가장 많이 쓰이는 색이다.
브라운	부드러운 눈매를 연출해 준다. 이미지가 강한 눈에 사용하기 적합하다.
블루	시원한 청량감을 준다. 아이섀도우와 매치시켜서 여름철에 많이 사용된다.
바이올렛	우아하고 화려한 여성미가 돋보인다. 아이섀도우와 조화를 이루면 더욱 효과적이다.
안티컬러(무색)	속눈썹이 많은 사람에게 정리 정돈 시키는 목적으로 사용된다.

③ 마스카라의 형태별 분류

색 상	기 능
컬링 마스카라 (Curling mascara)	하드한 느낌을 주는 원료를 사용하여 속눈썹일 잘 올라간다.
볼륨 마스카라 (Volume mascara)	내용물이 많이 발려져 속눈썹이 풍부해 보인다.
롱래쉬 마스카라 (Long-lash mascara)	섬유소가 들어있어 속눈썹이 길어 보이는 효과가 있다.
워터프루프 마스카라 (Waterproof mascara)	건조가 빠르고 내수성이 좋아 여름철에 사용하기 적합하다.

(9) 립스틱(Lipstick)

립 메이크업은 얼굴전체 메이크업에 포인트 역할을 한다. 입술이 어떤 색상이냐에 따라 생기있어 보일수도 있고 병색을 보일 수도 있으며 전체 분위기와의 조화도 이룰 수 있다. 그러므로 피부색, 아이섀도우색, 의상색을 충분히 고려하여 조화로운 립스틱 선택에 신경을 써야한다.

① 립스틱의 사용 목적

- 립스틱을 바름으로써 전체 메이크업에 생기를 주어 아름다움을 돋보이게 한다.
- 입술모양을 수정하여 보다 아름다운 메이크업을 연출하다.
- 립스틱, 립글로즈, 립스립 등의 제품이 있고 외부자극으로부터 입술을 보호한다.

② 립스틱의 색상별 분류

색 상	기 능
핑크계열	소녀적인 이미지와 여성미, 청순미가 강조되는 색이며 흰피부에 잘 어울린다. 또한 봄 메이크업에 응용된다.
레드계열	정열적이며 관능적이고 여성적인 색으로 립스틱의 대표적 컬러이다.
오렌지계열	건강미 넘치는 발랄함이 강조되며 약간 검은 피부에 잘 어울린다.
브라운계열	무난하고 차분하며 세련된 이미지를 전달해준다. 또한 가을 이미지에 적합하다.
퍼플계열	우아하고 여성미가 강조되는 품위있는 색이며, 다소 화려한 메이크업에 어울리며, 흰 피부에 더욱 적합하다.

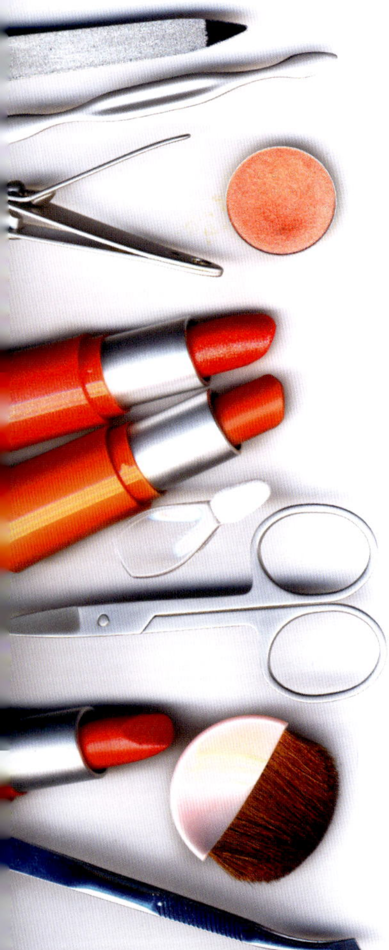

③ 립스틱의 형태별 분류

종 류	기 능
립스틱	스틱상태로 되어 있거나 용기에 담겨져 있어 가장 일반적인 형태이며 색상, 질감이 다양하다 그리고 발색도가 진하므로 립 브러쉬를 이용하여 입술 모양을 수정 보완하여 새로운 이미지를 연출하고 얼굴에 생기와 아름다움을 나타낸다.
립글로즈	일술을 윤기있고 촉촉하게 해주는 역할늘 하며 색상은 아주 연하거나 무색, 투명한 경우가 많으므로 립스틱 위에 덧발라 주어 윤기 있는 느낌을 주며, 은은한 메이크업을 원할 때는 립글로즈만 바를 수도 있다.
립라이너	펜슬타입으로 입술 선을 선명하게 표현해 주며 입술화장이 번지지 않게 오래 지속시켜준다. 또한 입술의 모양을 수정 보완할 수 있다.
립코드	립스틱 위에 발라서 립스틱의 지속력을 증대시켜 주는 역할을 한다.
립틴트	고체인 립스틱과 달리 액체 형태로 립스틱에 비해 자연스럽고 뛰어난 발색력을 가지고 있다.
립밤	바세린 성분이 많이 들어있어 입술 케어용으로 많이 사용되고 있다. 자여스러운 색상과 펄을 함유하고 있다.

④ 립스틱 색상 선택요령

가. 흰 피부일 경우

흰 피부는 밝고 화사해서 어떤 색의 메이크업과도 잘 어울린다. 그러나 혈색이 없어 보여 창백해 보일 수도 있으므로 주의해야 한다. 흰 피부는 핑크나 보라, 레드계열이 잘 어울린다.

나. 노란 피부일 경우

노란 피부는 동양인에게서 많이 볼 수 있는 피부색이며, 립 라인을 선명히 그려서 생기 있는 분위기를 연출해야 한다. 어울리는 색상으로 밝은 레드나 와인계열이 있다.

다. 붉은기가 있는 피부일 경우

붉은기가 도는 피부는 자칫 화장이 떠 보이고 흐트러져 보일 수 있으므로, 피부표현을 신경 써야 하며 퍼플이나 베이징 등의 은은한 계열의 파스텔계열이 어울린다.

라. 갈색 피부일 경우

갈색 피부는 건강미가 넘쳐 보이며, 한색계열의 색보다는 난색계열의 색이 더 잘 어울린다. 그러므로 갈색 피부는 흑장미색, 다크브라운(Dark brown), 벽돌색 등이 무난하다.

마. 입술이 큰 경우

수축되어 보이는 효과가 있는 짙은 색을 사용하고 립 라인을 반드시 짙은 색으로 선명하게 그려준다.

바. 입술이 작은 경우

팽창되어 보이는 파스텔 톤의 옅은 색을 바르면 입술이 도톰해 보인다. 펄(Pearl)이나 글로즈(Gloss)가 함유된 립스틱을 사용해도 효과적이다.

사. 웃을때 잇몸이 보이는 겨우

이런 경우는 잇몸색을 기준해서 너무 차이가 나지 않는 색을 바르는 것이 효과적이다.

아. 얼굴에 잡티가 많은 경우

잡티 있는 얼굴은 짙은 흑장미, 와인, 다크브라운 등 선명한 색을 바름으로써 시선이 입술에 모이게 되어 깨끗한 느낌의 피부를 표현할 수 있다

(10) 블러셔(Blusher)

① 블러셔의 사용 목적

피부에 혈색을 주어서 여성스러움을 강조해 주며 또한 건강한 이미지를 부여한다. 그리고 얼굴형을 수정하여 개성을 연출하여 준다.

② 블러셔의 색상별 분류

색 상	기 능
핑크계열	귀여운 느낌을 준다.
오렌지계열	강하고 발랄한 느낌을 준다.
브라운계열	세련되고 차분하며 지적인 느낌을 준다.
로즈계열	여성스러우며 화사한 느낌을 준다.

③ 블러셔의 형태별 분류

종 류	기 능
케익 타입	일반적으로 널리 사용되어지는 타입이며, 파우더 처리 후 브러쉬를 이용하여 터치해 준다.
크림 타입	화운데이션을 바른 후 사용한다. 유분기가 있는 상태이므로 스펀지로 펴서 경계를 없애 준다.

2. 메이크업의 도구의 종류와 기능

1) 기본도구

(1) 스펀지(Sponges)

파운데이션을 펴 바를 때 사용하는 도구이다. 일반적으로 파운데이션을 펴 바를 때에는 손가락을 사용하는 경우가 대부분이나 손가락을 이용하게 되면 손가락의 온도에 의해서 파운데이션이 손상되게 되는 원인과 추운 날씨에 메이크업을 할 경우 차가운 손이 모델의 피부에 닿았을 때 불쾌한 원인이 되고 얼굴에 손가락의 자국이 생기는 원인이 되므로 얼굴 부위에 따라 적합한 스펀지를 사용하면 피부 표현이 깨끗하게 파운데이션을 잘 스며들게 할 뿐만 아니라 뭉치지 않게 고루 펴주는 역할을 하게 된다. 코 측면, 얼굴라인, 눈 밑 등 좁은 부위는 삼각형 또는 사각형 스펀지를 사용한다.

① 라텍스 스펀지

천연 생고무를 원료로 만들어졌으며 지저분해졌을 경우 세척하는 것보다 가위로 잘라서 사용하는 편이다.

② 합성 스펀지

석유화학에서 얻은 인조원료로 만들어져 유분의 흡수력은 떨어지나 탄력성이 우수하여 형태 보존력이 좋고 저렴한 가격대로 쉽게 구입할 수 있다. 사용후에는 비눗물에 세척하여 사용한다.

③ 해면 스펀지

천연 스펀지를 물에 담그면 부드러워져 주로 팬케이크 사용 시 편리하다.

(2) 퍼프(Puff)

파우더를 눌러 바를 때 사용되는 도구이다. 퍼프의 소재는 면, 합성섬유 등이 있는데, 면소재가 더욱 적합하다. 퍼프를 사용해 파우더를 바를 경우, 뭉치거나 얼룩짐을 방지하기 위해 적당량의 파우더를 묻혀서 유분기가 많은 볼부터 시작해서 이마, 턱 쪽으로 눌러 바르고 눈가, 코밑, 눈밑 등의 부분에 꼼꼼하게 바르도록 한다.

(3) 브러쉬(Brush)

포인트 메이크업을 할 때 필수적으로 사용되는 도구가 브러쉬이다. 아이섀도우를 바르거나 볼연지를 할 때 혹은 립스틱을 바를 때 항상 브러쉬가 사용된다. 좋은 브러쉬를 고르기 위해서는 우선 브러쉬에 탄력이 있는지 살펴보아야한다. 그리고 손으로 잡았을 때 털이 잘 빠지지 않게 마무리 처리된 것을 골라야 한다. 털의 종류에는 담비, 오소리, 족제비털, 합성섬유 등 여러 가지가 있는데 중요한 것은 인조모에 비해 천연모로 되어있는 브러쉬가 좋다.

① 파운데이션 브러쉬(Foundation brush)

파운데이션을 슬라이딩 기법으로 얇게 펴 바를 때 사용되는 도구로 현재 트랜드 되고 있다. 얇고 윤기 있는 피부 표현을 위해서는 탄성이 좋고 적당한 길이의 파운데이션 브러쉬를 선택하는 것이 좋다.

② 아이브로우 브러쉬(Eyebrow brush)

눈썹을 자연스럽게 그리고자 할 때 사용되는 브러쉬로 아이섀도우를 묻혀 눈썹에 그려가는 용도이다. 그러므로 아이브로우 브러쉬는 폭이 좁고 탄력성이 좋아야 한다.

③ 이이섀도우 베이스 브러쉬(Eyeshadow base brush)

아이섀도우를 넓게 펴 바를 때 사용되는 브러쉬로 납작하고 넓으며, 숱이 많고 브러쉬 끝이 둥근 것이 좋다.

④아이섀도우 포인트 브러쉬(Eyeshadow point brush)

아이섀도우 포인트 부분을 칠할 때 사용되는 브러쉬로 브러쉬 폭이 좁고, 털이 부드러우며 탄력 있는 것이어야 섬세하게 그릴 수 있다.

⑤ 아이라이너 브러쉬(Eyeliner brush)

브러쉬 가장 가는 것으로 아이라인을 그릴 때 사용된다. 브러쉬의 털이 흐트러짐이 없이 가늘고 탄력이 좋아야 아이라인을 선명하게 그릴 수 있다.

⑥ 치크 브러쉬(Cheek brush)

볼터치를 할 대 사용되는 브러쉬이다. 넓은 면을 자연스럽게 펴 바르는 역할을 한다. 치크 브러쉬는 피부에 부담을 주지 않는 부드러운 털이어야 하며 털의 숱이 적당히 많을수록 자연스러운 볼터치를 표현할 수 있다.

⑦ 파우더 브러쉬(Powder brush)

얼굴 전체에 파우더를 바를 때난 혹은 파우더를 털어낼 때, 그리고 메이크업을 마친 후 휘니쉬 파우더를 펴 바를 때 사용되는 브러쉬이다. 브러쉬는 숱이 많으며 부드러운 털이 좋다.

⑧ 팬 브러쉬(Pan brush)

파우더나 아이섀도우를 바른 후 코밑, 눈밑, 입가 등 세심하고 좁은 부위에 묻은 파우더를 털어 내는 데 사용된다. 모양은 부채꼴 모양이고 빳빳한 털을 사용하는 것이 좋다.

⑨ 팁 브러쉬(Tip brush)

팁 브러쉬는 강한 포인트 색을 바르고자할 때 주로 사용된다. 팁의 재질은 면이나 밍크가 있으며 물세척이 가능하다.

⑩ 스크루 브러쉬(Screw brush)

마스카라를 바른 후 엉켜붙은 속눈썹을 빗거나 눈썹을 빗어줄 때 사용한다. 털에 힘이 있는 것이 좋다.

⑪ 립 브러쉬(Lip brush)

립스틱을 바를 때 사용되는 브러쉬로, 깔끔한 립 라인과 구각처리를 위하여 털끝이 모아져 있고 탄력과 힘이 있는 부러쉬가 적합하다.

⑫ 아이브ㄴ러쉬와 콤(Eyebrush & comb)

아이브러쉬는 눈썹을 가지런히 정리하는데 사용되며 콤은 눈썹을 다듬을 경우 빗어서 눈썹 길이를 체크하는 데 사용된다.

⑬ 브러쉬 사용법 및 보관법

브러쉬는 피부에 직접 닿고 오래 사용되는 도구이므로 관리 보관법 또한 중요하다. 브러쉬는 사용할 때마다 색조화장품의 잔여물을 말끔히 털어 낸다. 털어 낼 때는 브러쉬결 방향대로 내는 것이 좋다. 브러쉬를 세척할 겨우 미지근한 물에 샴푸나 비누로 풀어서 가볍게 문지르듯 빨아주고, 브러쉬 끝을 가지런히 모아서 마른 타월로 물기를 제거한 후, 그늘에 뉘어서 모양이 흐트러지지 않게 말려 준다.

3. 기타도구

1) 눈썹가위(Eyebrow scissor)

눈썹 모양을 정리하고 눈썹의 길이를 조절하여 줄 때 사용하는 것으로 날이 샤프해야지 세밀하게 자를 수 있다. 가끔씩 알코올에 소독하여 위생적으로 사용하도록 한다.

2) 핀셋(Tweezers)

눈썹 주위에 난 지저분한 잔털을 뽑을 때 사용한다.

3) 아이래쉬컬러(Eyelash curlers)

눈썹이 쳐져 있는 경우는 마스카라를 바르고 난 후, 눈 아래 부분으로 많이 번지거나 눈 생기 또한 없어 보이는 단점이 있다. 이를 보완하기 위해 마스카라 전에 눈썹을 올려주는 도구로 아이래쉬컬러가 사용된다. 한꺼번에 너무 세게 집으면 눈썹이 꺾여질 염려가 있으며, 3번 정도 나누어서 눈썹 뿌리와 끝부분을 눌려주면 아름다운 컬을 만들 수 있다.

4) 스파츌라(Spatula)

메이크업 베이스나 크림 화운데이션과 같이 용기에 든 화장품을 위생적으로 덜어 쓸 때 사용되며, 베이스의 색상을 서로 섞어서 쓸 때도 사용된다.

5) 면봉(Cotton tip)

면봉은 아이브로우나 아이섀도우, 아이라인, 립라인 등 세밀한 부분의 메이크업을 수정할 때 사용한다. 면봉은 한 쪽은 둥글고 다른 한쪽은 뾰족한 메이크업용 면봉을 사용하면 더욱 활용도가 높다.

6) 인조속눈썹(Eye lash)

아름다운 눈매를 위해 속눈썹의 컬을 풍성하게 보이게 하는 방법이다. 이때에 사용되는 것이 인조 속눈썹으로 메이크업의 특성에 맞춰 모양이나 컬러를 선택하여 사용하며 주의할 점은 너무 인위적이지 않도록 눈매에 맞춰 컷팅하여 사용한다.

4

얼굴형에 따른 시술 및 수정테크닉

Chapter 4.
얼굴형에 따른 시술 및 수정테크닉

5. 얼굴형에 따른 시술 테크닉 및 수정 메이크업

1) 메이크업의 표현 요소

메이크업의 표현요소는 얼굴생김새의 특징에 따라서 선과 면으로 표현될 수 있다. 선으로 표현되는 부위는 눈썹, 아이라인, 립 라인, 면으로 표현되는 부위는 아이새도우, 볼터치, 립 메이크업이다. 또한 면으로 표현되는 부위는 적절한 색채와 질감이 변하로 연출된 수 있다. 이러한 메이크업의 표현 요소들은 얼굴생김새의 특징에 따라 다양한 이미지로 연출하기 위해 중요한 요소로 작용된다. 그러므로 이를 정확하게 분석하고 이해할 수 있는 능력이 필요하다. 따라서 이러한 형태, 컬러, 질감에 따라 메이크업의 특징을 알아보도록 한다.

(1) 형태(Form)

얼굴형태는 다른 사람을 보는 첫 번째 신체적 특성으로 그 특성에 따라 다른 인상을 주게 된다.

이러한 형태적 특성의 이미지가 가장 강하게 작용하는 요소가 바로 얼굴의 형태이라 할 수 있겠다. 얼굴의 형태는 크게 둥근형, 역삼각형, 사각형로 나눌 수 있는데 그 형태에 따른 이미지 변화를 살펴보자.

둥근형
부드러움, 온화함, 여성적, 넓어 보이고 귀여운 느낌
불안정하고 둔해 보이는 단점

그림 4-1 둥근형의 얼굴형태 및 이미지

역삼각형
세련미, 샤프, 모던, 중성적 이미지, 사납고, 앙상한 느낌

그림 4-2 심각형의 얼굴형태 및 이미지

사각형
딱딱함, 중성적느낌. 남성적, 개성적, 다이나믹, 안정적,
거칠어 보이는 단점

그림 4-3 사각형의 얼굴형태 및 이미지

(2) 컬러(Color)

메이크업에 있어서 컬러는 피부를 돋보이게 하고 얼굴에 입체감을 부여하며, 의상, 헤어스타일과의 조화를 통하여 개성을 부각시키고 상황에 따른 메시지를 전달할 수 있다.

이를 위해 농담, 계열, 조화에 나타나는 이미지를 표를 통해 알아보도록 하자.

구분	종류	이미지
농 담	짙은 계열	강한 이미지
	엷은 계열	순함, 부드러운 이미지
계 열	난색 계열	젊음, 동적, 명랑, 부드러운 온화, 여성스러움
	한색 계열	활동적, 지적임, 남성스러움
조 화	유사색 대비	무난함, 대중적, 여성스러움, 자연스럽게 어울리는 색, 안정적이며 차분함
	보색(반대색) 대비	동적, 쾌활, 젊은 이미지

그림 4-4 컬러변화에 따른 이미지

(3) 질감(Texture)

질감은 피부전체에 바르는 화운데이션과 파우더의 양에 의해 피부 결을 표현하는 것으로 피부질감은 포인트 메이크업(눈, 눈썹, 입술)과 조화를 이루며 효과를 상승시키고 얼굴전체의 이미지에 영향을 미치게 되므로 피부의 상태와 여건을 고려하여 표현해야 한다.

1) 매트(Matt)

매트한 메이크업은 '광택이 없는' 이라는 뜻으로 보송보송한 느낌의 가볍고 우아하면서도 차가운 메이크업을 말한다. 이 메이크업의 특징은 파우더를 충분히 발라주어 딱딱한 느낌을 주며 펄이 들어있는 제품은 사용하지 않는 것이다. 조명 아래서 장시간 있게 되는 신부메이크업, TV메이크업, 사진메이크업 등은 매트한 메이크업으로 표현해야 한다.

2) 글로시(Glossy)

글로시한 화장은 피부에 촉촉한 유분기가 있어 광택이 나타나는 경우로 생동감이 있고 활동적인 이미지를 표현해 준다. 피부 타입에 맞춰 건조한 피부, 모공이 없는 피부에 표현하는 것이 좋다.

3) 펄(Pearl)

펄이 들어 있는 화장품을 사용할 경우 펄이 주는 반짝임과 화사한 이미지를 표현하는 메이크업으로 고급스럽고 감각적인 느낌을 준다.

Matt

Glrossy

Pearl

그림 4-5 질감 변화에 따른 메이크업

2. 얼굴 균형도(Face Proportion)

우리가 메이크업을 하는 궁극적인 목적은 균형 잡힌 미인에 가깝게 다가가는 것이라 할 수 있다. 예로부터 그리스의 조각품이나 비너스와 같이 그 시대마다 대표될 수 있는 이상적인 비율의 얼굴을 가진 미인들이 있었다. 그러면 현대에 일컬어지고 있는 가장 아름답고 균형 잡힌 얼굴형은 어떠한지 알아보도록 하자.

– 가로 분할(3등분)

: 얼굴정면을 가로로 분할하면 헤어라인에서 눈썹까지, 눈썹에서 콧 망울까지, 콧 망울에서 턱끝까지 3등분.

– 세로 분할(5등분)

: 얼굴정면을 세로로 분할하면 헤어라인에서 눈 꼬리까지, 눈 꼬리에서 눈 앞머리까지, 눈앞머리에서 반대 눈 앞머리까지, 눈머리에서 눈 꼬리까지. 눈 꼬리에서 헤어라인까지 5등분.

– 세부적인 위치–

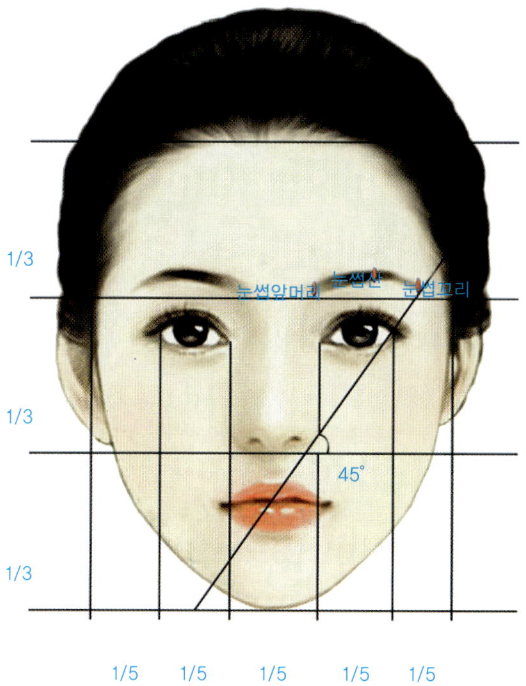

- 눈썹의 위치
  이상적인 눈썹의 위치는 이마에서 1/3되는 지점.
- 눈썹의 길이
  눈썹의 길이는 45° 각도로 콧 망울에서 눈 꼬리를 지난 연장선.
- 눈과 눈 사이의 거리
  이상적인 눈과 눈 사이의 거리는 눈의 가로길이와 같다.
- 눈머리의 위치
  눈머리는 콧 망울에서 일직선으로 연장했을 때 만나는 점에 위치.
- 콧 망울의 위치
  콧 망울의 위치는 이마에서 2/3되는 지점에 위치.
- 콧 망울의 넓이
  콧 망울의 넓이는 입술넓이의 약 1/2정도의 크기가 적당.
- 이상적인 입술
  입술은 모델이 정면을 바라보고 있을 때 눈동자 안쪽선의 연장선과 만나지는 지점. 입술의 비율 윗입술 : 아랫입술 = 1:1.5.

그림 4-6 페이스 프로포션

2-1. 얼굴 부위별 명칭

얼굴은 각 부위에 따라 피부 특징이 다르며, 그 피부에 따라 파운데이션 바르는 방법 또한 다르다. 이러한 얼굴 부위별 명칭을 알고 그 부위의 특징과 베이스 컬러를 알아보도록 하자.

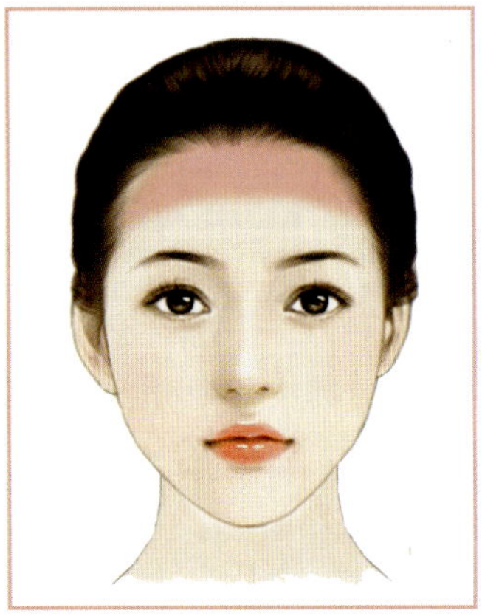

헤어라인

귀의 위에서 이마 쪽으로 머리카락이 난 부분.

- 쉐도우 컬러

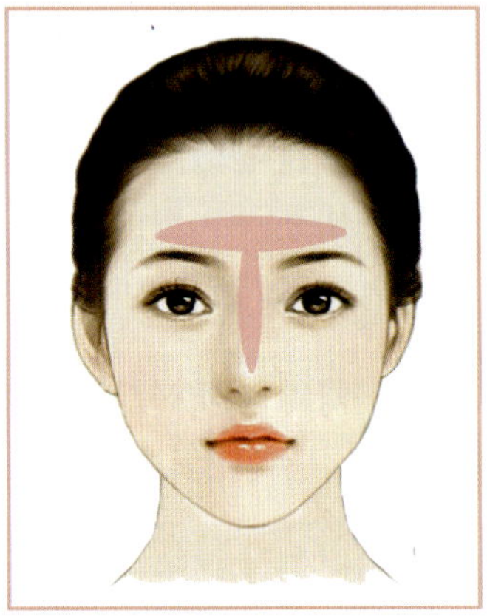

T존

이마에서 콧대를 연결하는 부분.

- 피하지방이 적고 피지 분비가 활발하며 미간의 세로주름이 생길 수 있다.
- 하이라이트 컬러

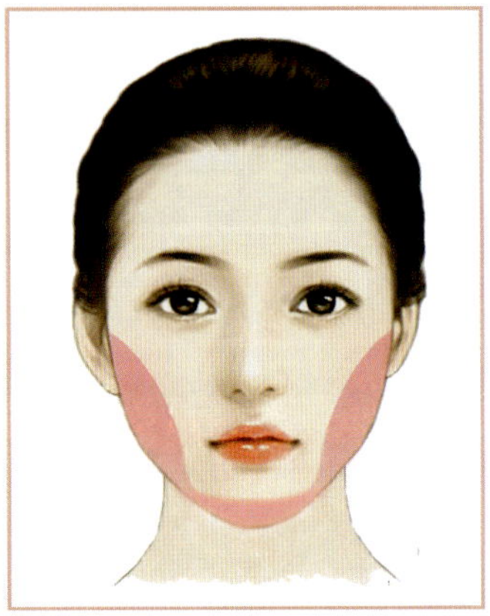

V(U)존

양쪽 입 꼬리 주변에서 턱으로 연결되는 부위.

- 쉐도우 컬러

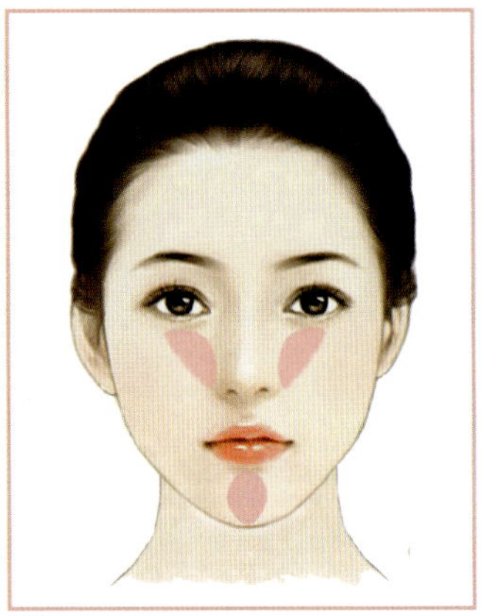

Y존

눈 밑, 광대뼈 위의 Y모양의 부위.

- 눈 밑 기미, 주근깨가 가장 많이 분포되어 있다.
- 하이라이트 컬러

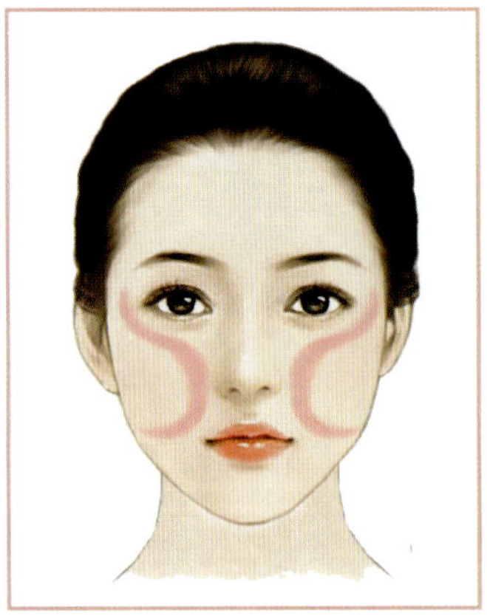

S존

귓 볼에서 턱 선을 따라 입 꼬리로 향하는 부위.

- 피부에 볼륨감이 있고 피부의 거친 부분도 많다.
- 베이스 컬러

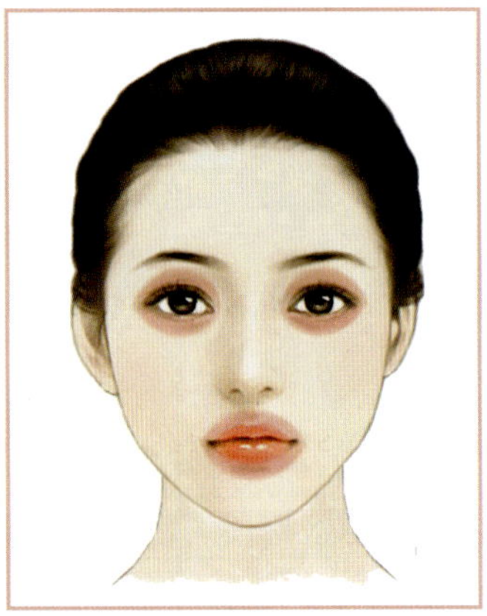

O존

안구 주변과 입주변.

- 피하지방이 적고 가늘게 팔자 주름이 생기기 쉽다.
- 하이라이트 컬러

그림 4-7 얼굴 부위별 명칭과 특징

3. 얼굴 시술 테크닉 및 수정 메이크업

1) 얼굴형 특징

얼굴형은 신체부위 중 이미지를 결정 짓는 가장 중요한 요소이다. 메이크업에서 이미지가 갖는 특징으로 분류될 얼굴 형태는 다양한 양상으로 나타나는데 특히 대부분의 얼굴은 한 가지 형태보다는 두 가지 이상의 복합적이고 다양한 형태를 지니고 있다. 따라서 이러한 얼굴형에 대한 이미지와 형태비율을 알아보도록 한다.

(1) 계란형(Oval face shape)

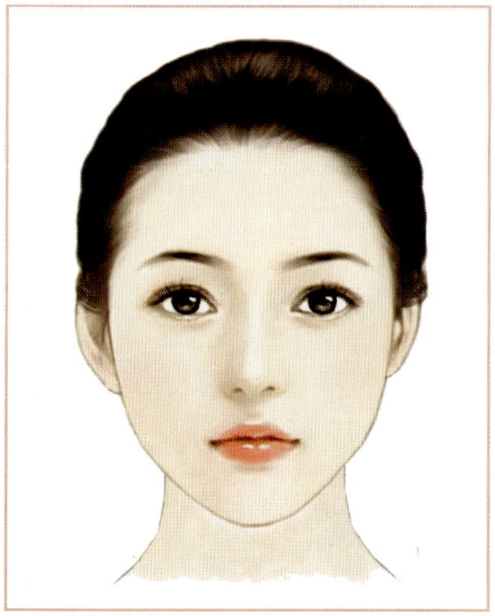

이미지 : 세련되고 기품 있어 보임

형태비율 : 이상적인 얼굴형으로 세로 비율 중 중간 부분이 넓어 보이고 턱 부분이 좁아 보이는 곡선형

(2) 둥근 얼굴형(Round face shape)

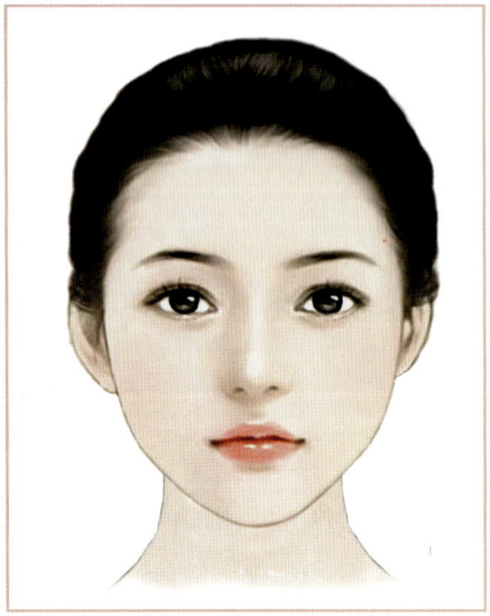

이미지 : 귀여우며 어려 보임
형태비율 : 양 턱이 각이 없고 얼굴의 넓이와 길이가 거의 같아 보이는 곡선형

(3) 사각 얼굴형(Square face shape)

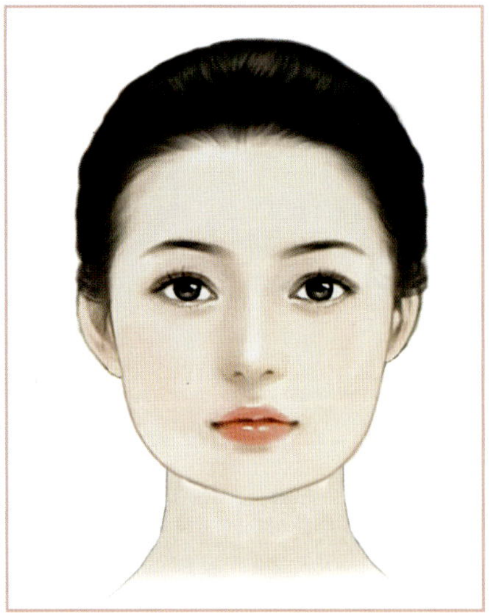

이미지 : 화려하며 활발해 보임. 단 딱딱해 보이는 단점이 있음.
형태비율 : 얼굴비율 중 세로와 가로의 넓이와 길이가 거의 같아 보이며 양쪽 턱이 돌출되어 보이는 각진형.

(4) 역삼각 얼굴형(Inverted Triangular face shape)

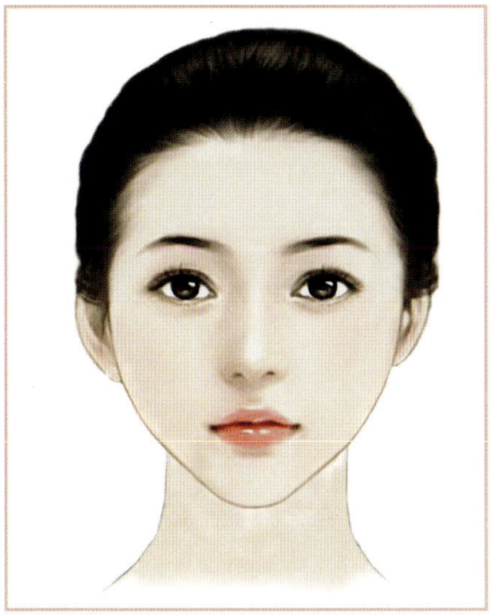

이미지 : 시원스럽고 지적이게 보임.
형태비율 : 이마가 넓으며 턱이 좁은 형으로 얼굴 면적보다 길이가 짧게 느껴지는 얼굴형.

(5) 마름모 얼굴형(Diamond face shape)

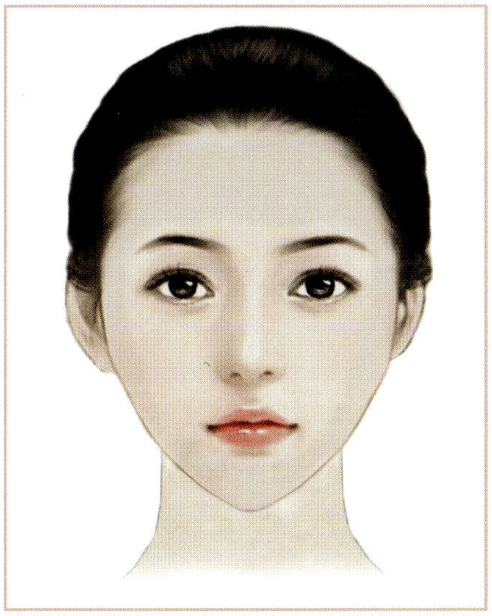

이미지 : 지적이며 차가워 보임.
형태비율 : 얼굴 중앙부분이 넓으며 상하부분이 좁은 곡선으로 이루어진 긴 얼굴에 속하는 형.

(6) 긴 얼굴형(Oblong face shape)

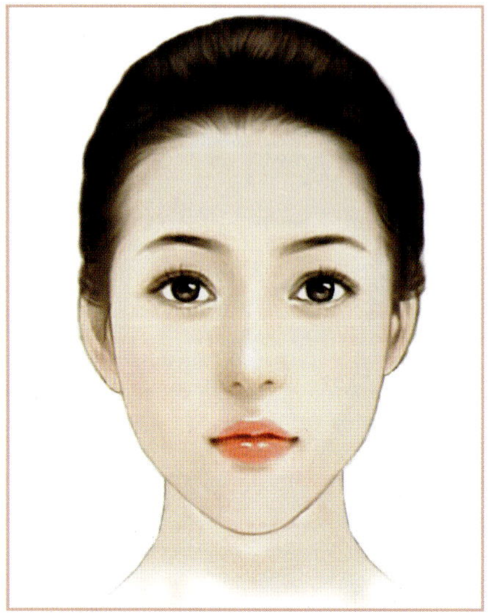

이미지 : 고전적이며 성숙해 보임

형태비율 : 전체적으로 긴 형으로 이마와 턱이 발달했으며 코가 길어 보이는 얼굴형.

2) 베이스 메이크업 시술 테크닉

(1) 메이크업 베이스 바르는 법

① 프라이머

파운데이션 바르기 전 단계의 프라이미는 피부의 결을 모공 없이 매끈하게 정리해 주어 파운데이션과 같은 메이크업 제품의 효과를 더욱 강화시켜 준다.

피부의 질감타입에 따라 모공이 없는 피부에는 젤 타입의 프라이머가 적합하며, 여드름 자국이나 모공이 있는 피부 타입에는 실리콘 타입의 프라이머가 적합하다. 프라이머는 얼굴 전체에는 사용하지는 않으며 주로 얼굴의 하이라이트 부위 즉 이마, 눈썹 뼈 부위, 양 볼 콧등, 턱 부위에 얇게 펴 바르도록 한다. 모공이나 여드름 자국이 있는 피부에는 기초 화장 후 손톱크기 양 만큼 덜어 콧등, 양볼, 눈썹 뼈, 미간과 같이 모공이 많은 부위에 펴 발라 모공을 깨끗이 메워준 다음 피부 톤에 어울리는 메이크업 베이스를 사용하여 피부 톤을 보정하도록 한다.

(2) 화운데이션 바르는 방법

피부의 수분 및 유분이 부족한 건성피부는 리퀴드, 크림 타입의 화운데이션이 적합하고 수분이 부족하난 유분이 많은 지성 피부는 파우더 타입의 화운데이션이 적합하다.

또한 눈 주변으로 잡티, 기미, 주근깨가 많은 피부는 주로 수분이 부족한 타입으로 리퀴드 화운데이션이 적합하며 잡티가 있는 부위에 컨실러를 사용한다.

(3) 피부 타입에 맞는 화운데이션 선택법

피부타입	F/u 특징	F/u 종류
건성 피부	피부의 수분 및 유분이 부족한 건성피부는 리퀴드, 크림타입의 F/u이 적합하다.	리퀴드, 크림 타입의 화운데이션
지성 피부	수분이 부족하나 유분이 많은 지성피부는 파우더 타입의 F/u이 적합하다.	파우더 화운데이션
잡티가 많은 피부	눈 주변으로 잡티, 기미, 주근깨가 많고 보편적으로 수분이 부족한 타입	리퀴드 화운데이션, 잡티가 있는 부위 컨실러

3) 얼굴윤곽 메이크업

우리가 화운데이션을 바르는 목적이 아름답고 통일된 피부색을 표현함에도 있지만, 화운데이션을 바름으로써 얼굴형을 수정 보완할 수 있다.

(1) 하이라이트(Highlight)

하이라이트색은 팽창, 확대, 진출되는 느낌을 가진 색으로 피부 톤 보다 한, 두톤 밝은 화운데이션을 T존, V존 부위에 사용되며, 화사하게 표현하고 싶을 때 사용한다. 또한 입가의 팔자 모양의 골이 깊은 사람의 경우에는 입가에도 하이라이트를 넣어주면 효과적이다.

(2) 베이스(Base)

피부 톤과 같은 계열의 화운데이션을 목의 색과 비교해서 너무 진하거나 연하지 않은 자연스러운 색을 선정하며, 얼굴전체에 바른다.

(3) 쉐딩(Shading)

쉐딩은 수축, 후퇴색의 느낌으로 베이스 톤의 화운데이션 보다 두, 세톤 어두운 화운데이션을 이용하여서 S존 부분의 볼이나 줄어들어 보이고 싶은 부위 혹은 얼굴형 중 마음에 들지 않게 튀어나와 보이는 부위(턱뼈, 광대뼈, 넓은 미간)를 커버할 때 사용한다.

4) 얼굴형에 맞는 수정메이크업

얼굴형에 따른 쉐딩과 하이라이트 부위를 알아보도록 하자.

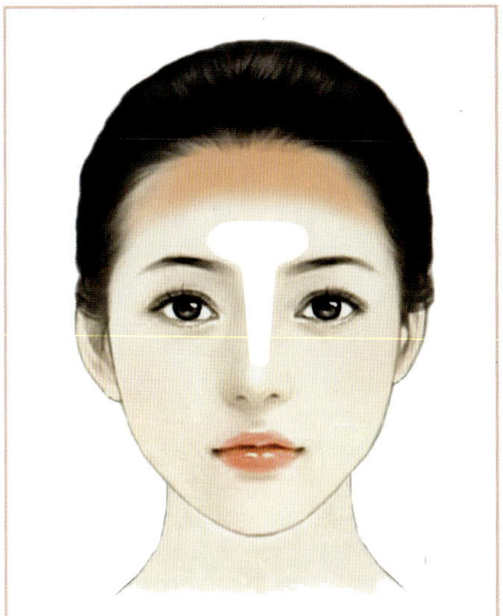

(1) 계란형
쉐딩 : 헤어라인.
하이라이트 : T존 부위

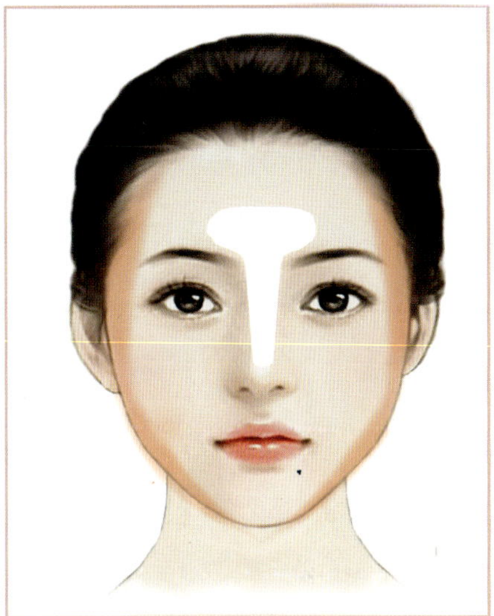

(2) 둥근얼굴형
쉐딩 : 양 볼에 세로방향.
하이라이트 : T존 부위

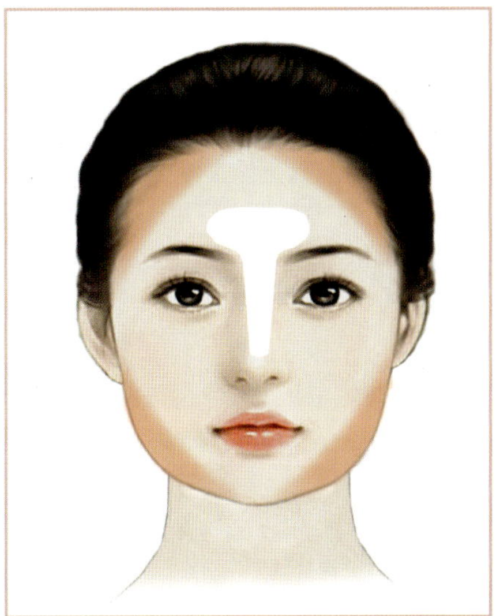

(3) 사각얼굴형
쉐딩 : 양 이마와튀어나온 양턱.
하이라이트 : T존 부위

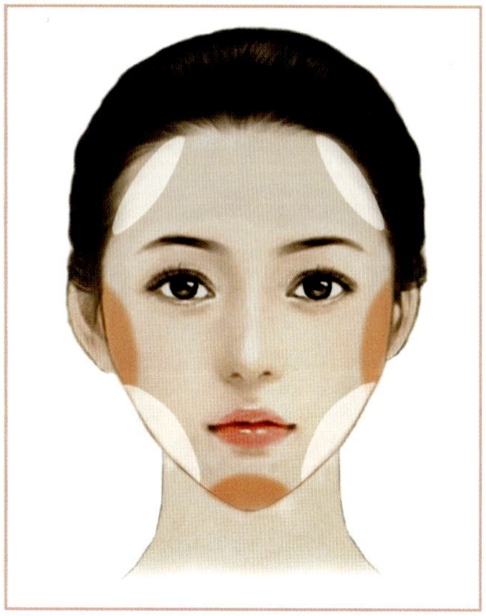

(5) 다이아몬드 얼굴형
쉐딩 : 튀어나온 광대뼈와 뾰족한 턱 끝
하이라이트 : 좁은 양 이마와 살이 없는 양 볼

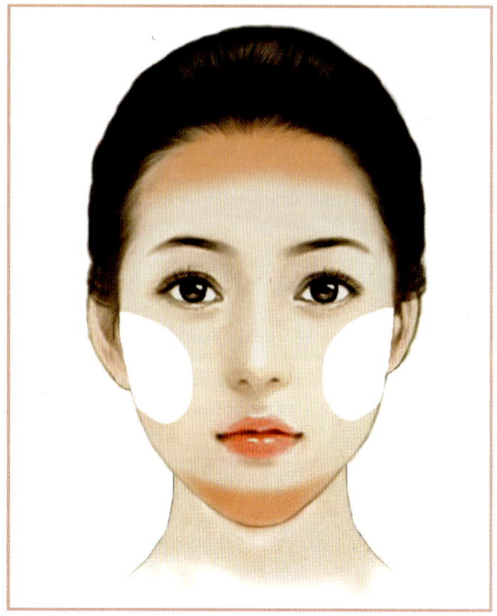

(6) 긴얼굴형
쉐딩 : 이마와 긴 턱 끝
하이라이트 : 양쪽볼

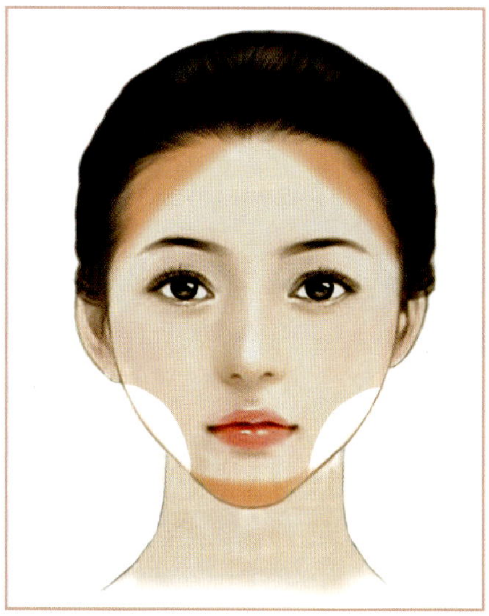

(4) 역삼각얼굴형
쉐딩 : 넓은 이마양쪽.
하이라이트 : 뾰족한 양 볼

그림 4-10 얼굴 부위별 명칭과 특징

5) 파우더(Powder) 시술법

파우더는 얼굴 전체적으로 혹은 부분으로 사용한다. 첫 번째, 피부에 화장을 밀착 고정 시키고자 할 때는 퍼프를 사용하여 바르는데 퍼프에 파우더를 적당량 묻혀서 T존, 볼 등 중간 부분부터 누르듯이 차분히 바르면서 유분기를 제거해 준다. 그리고 남은 여분으로 S존 및 페이스 라인부분에 누르듯이 바르면서 유분기를 제거해 준다. 두 번째, 자연스럽고 화사하게 표현하고자 할 때는 브러쉬를 이용하여 파우더를 바르는데 이때 브러쉬에 파우더를 묻혀서 피부 결을 따라 자연스럽게 바른 다음 깨끗한 브러쉬로 뭉쳐지지 않게 가볍게 다시 펴 준다.

4. 코(Nose) 시술테크닉 및 수정 메이크업

코는 정면에서 보았을 때 얼굴의 중앙에 위치하므로 시선이 제일 먼저 와 닿는 곳이라 할 수 있다. 더욱이 서양인에 비해 평면적인 골격구조를 갖고 있는 동양인들은 얼굴 전체의 입체감에 가장 큰 영향을 끼친다.그러므로 얼굴 전체 균형감에 코의 형태는 중요한 부분이라 할 수 있다. 또한 눈, 입, 얼굴 크기와의 조화로운 비례를 고려하여야 한다.

그림 4-12 다양한 코 모양

1) 코 수정 화장 목적

- 얼굴의 전체 균형을 잡아준다.
- 얼굴과 전체 이미지를 만들어 준다.
- 눈, 입, 얼굴 크기와의 비례를 고려한다.

2) 코의 형태별 이미지분류

코는 그 형태에 따라 다양한 이미지를 나타낸다. 형태에 따른 이미지를 알아보도록 하자.

코의 형태	코의 형태별 이미지
큰 코	힘이 있고, 정력직, 굳건힘, 강인함, 둔해 보이는 단점
짧은 코	명랑하고 낙천적인 이미지.
짧으면서 넓은 코	활동적, 생동감. 둔해 보이는 단점.
매부리코	귀족적, 풍요로운 이미지. 고집스럽고, 이중적인이미지.
오목한 코	선량한 이미지. 고집스러움
작고 섬세한 코	세련미, 날렵한 이미지. 소심함.
끝이 들린 코	낙천적, 활달한 이미지

3) 코의 형태별 수정메이크업

코의 형태는 얼굴의 전체 이미지에 많이 변화 준다. 그러므로 얼굴에 적합한 코의 길이나, 콧 망울의 크기 등을 고려하여 수정함으로써, 얼굴의 균형을 잡아 주며 아름다운 이미지를 부여해 주도록 수정방법에 대해 알아보도록 하자.

(1) 짧은 코
하이라이트 : 코끝까지
쉐딩 : 눈썹 시작부분부터 코끝.

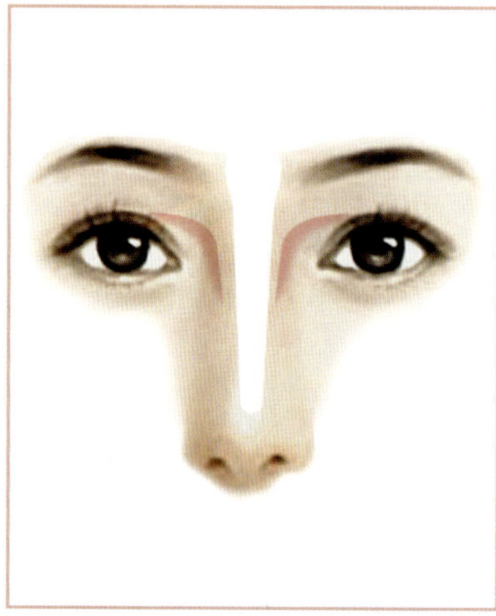

(2) 긴 코
하이라이트 : 콧등.
쉐딩 : 콧 망울 끝부분은 자연스러운 처리

(3) 휘어진 코
하이라이트 : 휘어짐이 심한 콧등.
쉐딩 : 양 쪽에 일직선 느낌으로 곧게 펴 발라준다.

(4) 낮은 코
하이라이트 : 코 등.
쉐딩 : 양 코벽 부위

(5) 콧망울이 넓은 코
하이라이트 : 코 중앙 끝부분.
쉐딩 : 콧 망울 양쪽

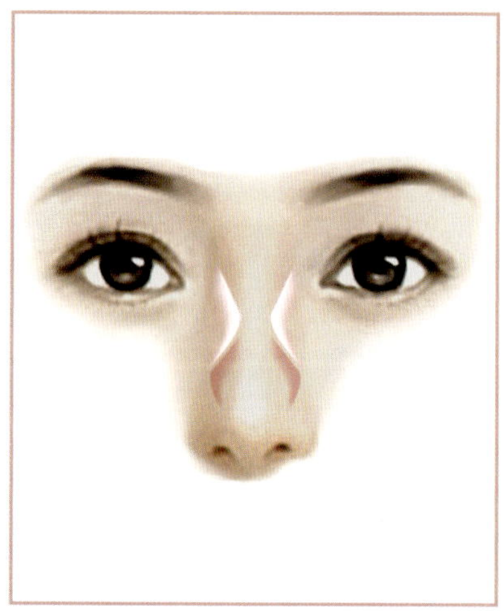

(6) 매부리 코
하이라이트 : 아래 들어간 부분에는 밝은색 화운데이션
쉐딩 : 튀어나온 부분에 약간 어두운화운데이션

그림 4-13 코의 형태별 수정메이크업

5. 아이브로우(Eyebrow) 시술 테크닉 및 수정 메이크업

눈썹은 얼굴의 중요한 부분으로서, 얼굴 전체의 이미지를 좌우 할 만큼 큰 비중을 지닌다. 그러므로 자신의 얼굴형과 이목구비에 맞는 눈썹을 자연스럽게 연출하는 것이 중요하다. 이에 다양한 눈썹 형태와 그리는 방법에 대해 알아보도록 하자.

1) 기본형 눈썹 그리기

① 눈썹을 그리기 전 눈썹이 난 방향을 따라 브러쉬로 한번 쓸어서 정리해 준다. 눈썹의 색상은 모발색, 눈동자 색, 아이샤도우 색에 맞춰 선택한다.

② 눈썹 앞머리는 콧 망울 지점을 수직으로 올려 만나지는 곳에 위치하도록 한다.

③ 눈썹 산의 위치는 눈썹길이를 3등분 했을 경우 2/3지점에 위치하도록 한다.

④ 눈썹길이는 콧 망울과 눈 꼬리를 지나 45°의 각도로 연결해서 연장했을 때 만나지는 지점에 위치하도록 한다.

⑤ 눈썹길이는 눈길이 보다 짧지 않게 그린다.

⑥ 눈썹 앞머리와 눈썹꼬리는 거의 일직선상에 위치하도록 한다.

⑦ 눈썹 앞머리는 자연스럽게 처리하고 끝부분으로 갈수록 깔끔하게 음영을 넣어 준다.

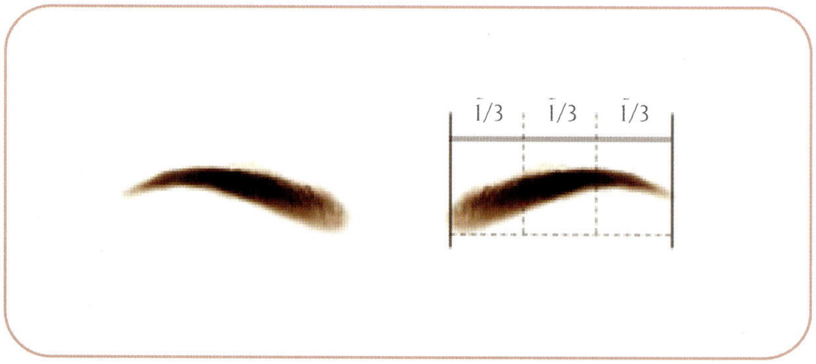

그림 4-15 기본형 눈썹 그리기

2) 눈썹의 굵기와 길이 색상

눈썹은 굵기와 길이, 색상에 따라 이미지가 달라 보인다. 기본적인 눈썹은 눈썹앞머리는 가장 연하게 그리고 두께감을 주며 눈썹산은 가장 진하게 그려서 눈썹꼬리로 갈수록 가늘게 사라지듯 그려준다. 눈썹의 색상은 모발색이나 눈동자 색상, 아이섀도우 색에 맞춰서 선택한다.

굵 기

가는 경우
➔ 부드러움, 여성적, 동양적, 나이가 들어 보임

굵은 경우
➔ 강함, 건강해 보임, 젊어 보임

길 이

짧은 경우
➔ 어리고 귀여워 보임, 유머스러워 보임

긴 경우
➔ 여성스러우나 나이 들어 보임.

색 상

짙은 경우
➔ 젊고 활동적으로 보임.

옅은 경우
➔ 여성스럽고 자연스러워 보임

그림 4-16 눈썹의 길이와 굵기에 따른 이미지

3) 눈썹제품의 종류

① 펜슬(Pencil) : 대중적, 선위주의 테크닉, 눈썹 숱이 많이 없는 사람.

② 샤도우 케익 (Shadow Cake) : 자연스러운 면 위주의 메이크업, 눈썹 숱이 많은 사람.

③ 라이닝 크림(Linning Cream) : 붓에 묻혀 사용, 리퀴드 라이너와 비슷한 재질, 눈썹 털을 사실적으로 표현, 분장용. 색감이 강하고 오래 지속.

4) 눈썹 수정 종류

① 수정 가위 : 눈썹결 방향대로 정리한다.

② 브런드 컷 : 눈썹결 방향에 따라 길이를 똑같이 잘라 주는 것. 눈썹 브러쉬를 이용한다.

③ 쉐이빙(면도) : 눈썹숱이 많거나 퍼져있는 사람.

④ 테크닉 : * ① ~ ⑥ 순서대로 가위로 컷트〉 브러쉬로 삐져나온 것 컷트 〉 ① ~ ⑥쉐이빙해 준다.

5) 다양한 눈썹 형에 따른 이미지 변화

눈썹 형태에 따른 이미지를 표를 통해 알아보도록 하자.

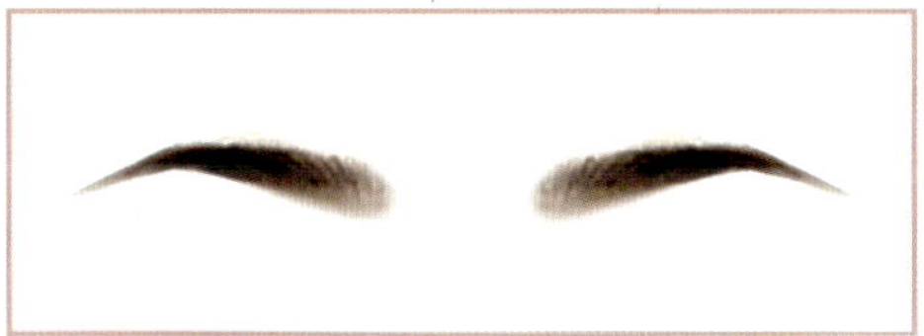

각진 눈썹 : 사무적 딱딱한 느낌. 현대적 세련미와 지적 이미지

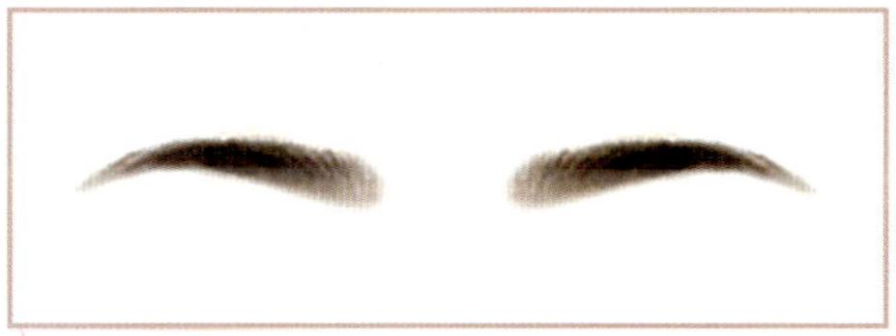

아치형 눈썹 : 부드럽고 여성스러우며 고전적 이미지

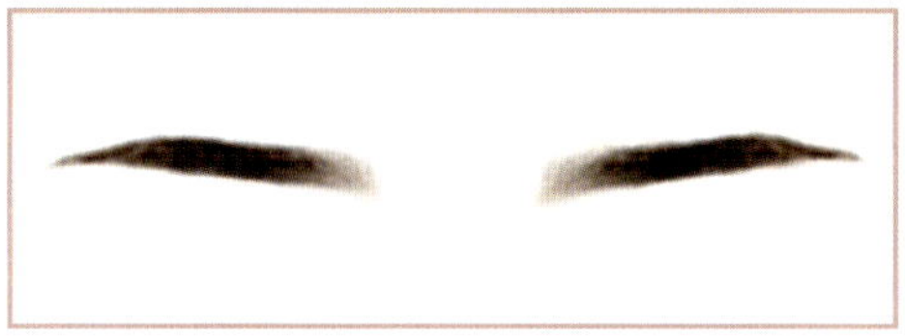

스트레이트형 눈썹 : 남성적이며, 활동적 이미지

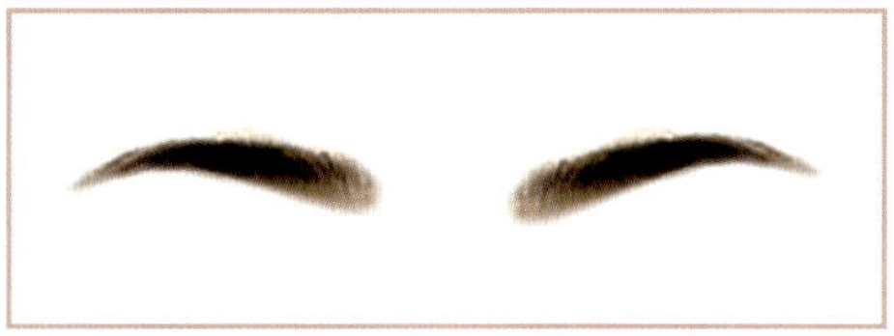

짙은 눈썹 : 액티브함, 야성적, 여성미 부족, 강한 이미지

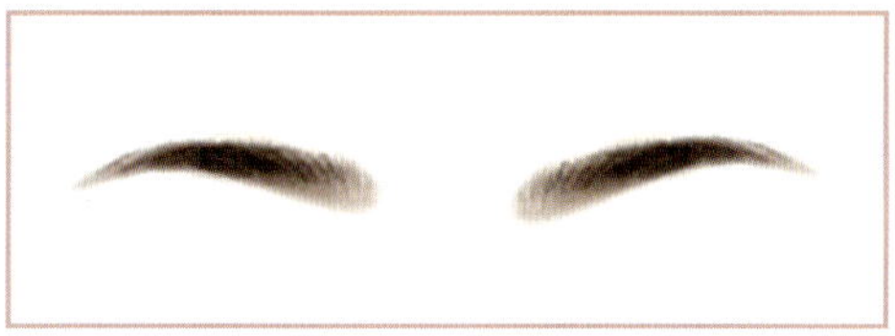

흐린 눈썹 : 온화함, 여성스러움, 온순함, 병약. 허약

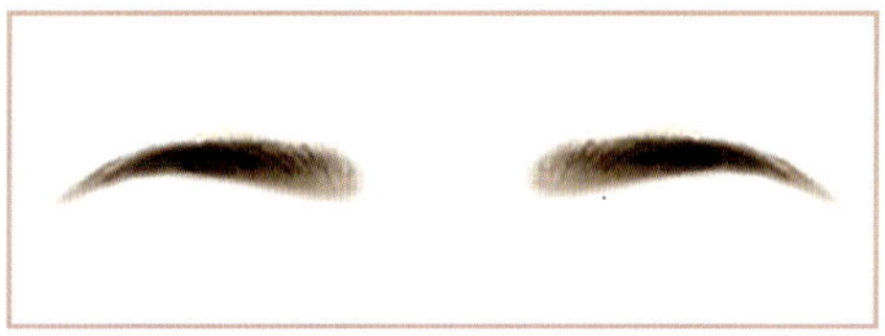

꼬리가 처진 눈썹 : 부드럽고 온화한 이미지, 어리숙함, 코미디나 희극에 성격 분장 시에도 응용

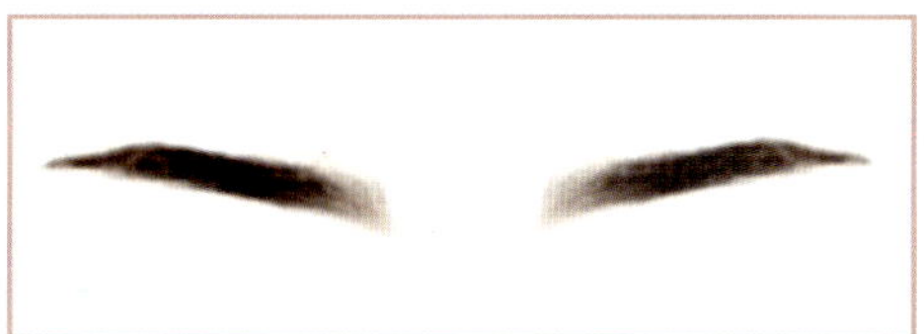

꼬리가 올라간 눈썹 : 생동감, 날카로움, 섹시한 이미지

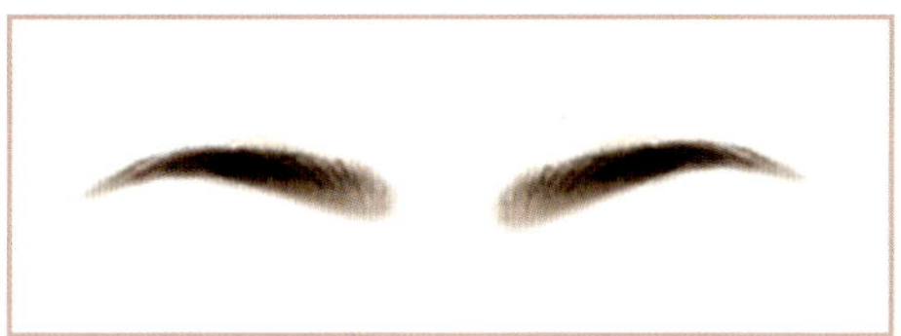

양미간 사이가 좁은 눈썹 : 지적 이미지, 세련미, 답답한 느낌, 소심한 성격

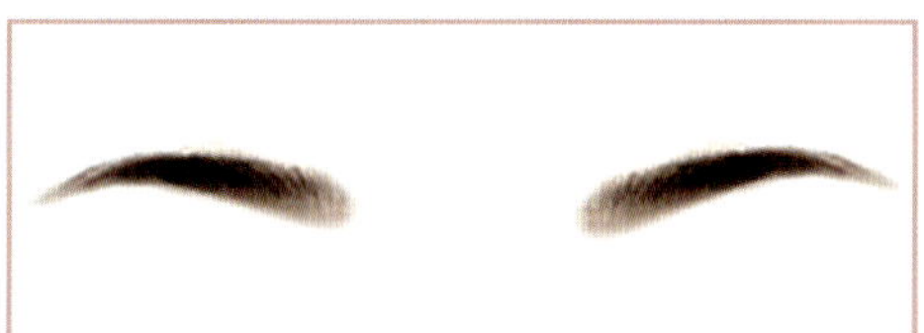

양미간 사이가 넓은 눈썹 : 부드럽고 온화함, 지루함, 나태해 보이는 인상

그림 4-18 눈썹 형에 따른 이미지 변화

6) 얼굴형에 어울리는 아이브로우 수정메이크업

얼굴형에 따른 아이브로우 수정법을 알아보도록 하자.

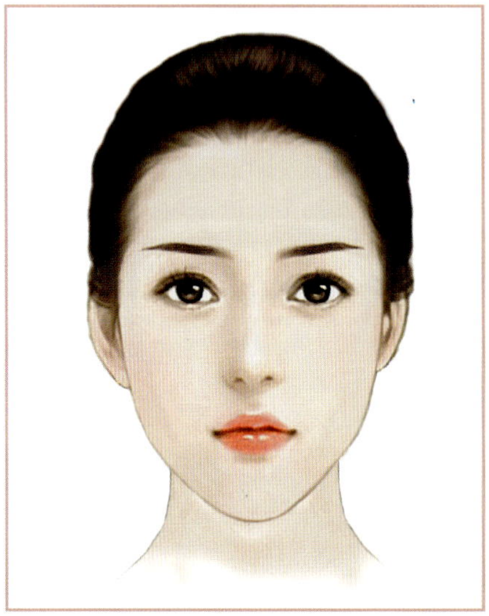

(1) 긴 얼굴형
눈썹에 두게감을 주어 눈썹산이 높지 않게 일자형로 표현

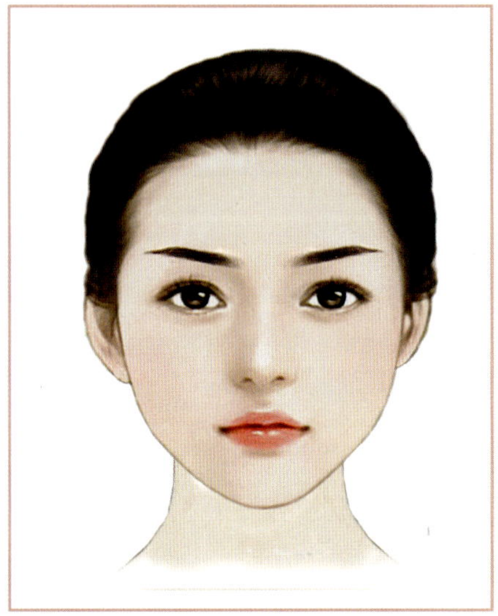

(2) 둥근 얼굴형
상승 느낌이 나듯이 꼬리를 올려 그려 줌으로서 세로의 분위기를 강조

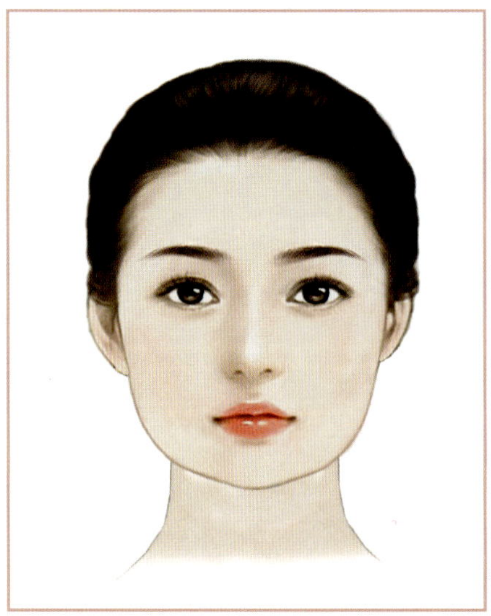

(3) 사각 얼굴형
눈썹이 너무 가늘지 않게 그리며 여유 있는 커브의 눈썹으로 표현

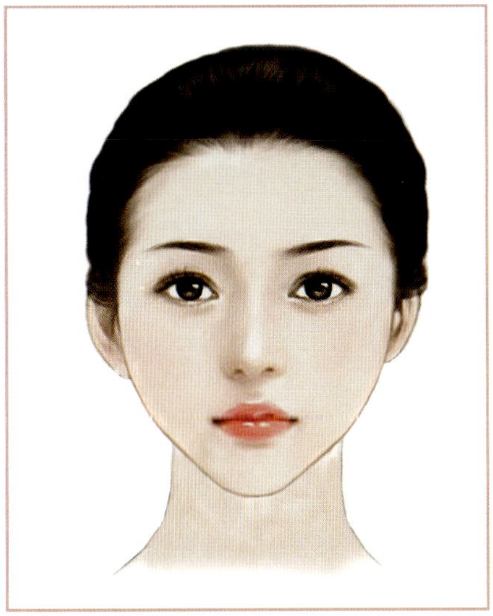

(4) 역삼각 얼굴형
여성스러움을 강조할 수 있는 아치형의 눈썹으로 표현

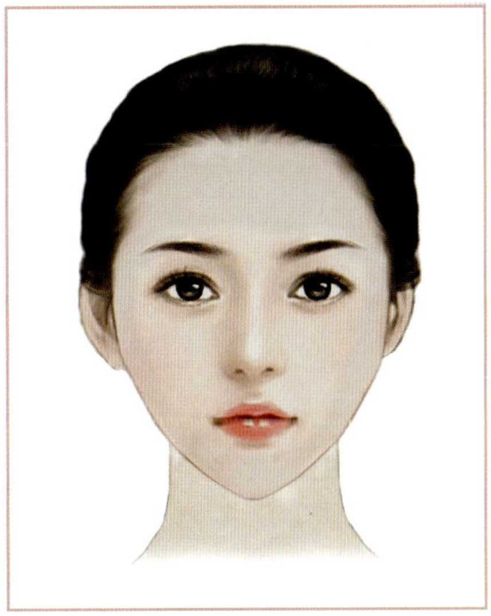

(5) 다이아몬드 얼굴형
눈썹 앞머리에 포인트

그림 4-19 얼굴형에 어울리는 아이브로우 수정메이크업

6. 아이 메이크업(Eye Make-up) 시술 테크닉 및 수정 메이크업

아이새도우는 눈에 자연스러운 음영을 주어 깊은 눈매를 연출하고, 색상을 통해 조화로운 이미지 변화를 느끼게 한다. 그리고 눈의 모양을 수정하여 보다 아름다운 눈매를 만들어 준다.

(1) 아이섀도우(Eye Shadow) 시술 테크닉

그림 4-21 아이섀도우의 부위별 명칭

① 아이섀도우의 부위별 명칭

- **하이라이트 컬러**(Highlight Color)
  눈썹 뼈 부위에 흰색, 아이보리, 연 핑크, 펄 등 밝은 색을 발라주어서 팽창되어 보이는 효과를 주고자 한다. 이 부위를 밝게 처리하면 상대적으로 눈매는 더욱 깊이 감을 줄 수 있고, 아이브로우 역시 깔끔한 느낌을 시각적으로 느낄 수 있다.
- **섀도우 컬러**(Shadow Color)
  눈 위에 자연스러운 음영을 주어서 깊이 있는 눈매를 연출하고자 한다.
- **메인 컬러**(Main Color)
  아이섀도우 전체 분위기를 내는 색으로써 전체 이미지에 맞게 눈 중앙 부분에 은은하게 펴 바른다.
- **포인트 컬러**(Point Color)
  선명한 눈매를 표현하기 위해 짙은 계열의 아이섀도우를 선택하여서 쌍꺼풀라인을 중심으로 발라준다.
- **언더 컬러**(Under Color)
  눈동자 아래 부분에 선 느낌을 깨끗하게 발라준다. 보통 포인트 컬러로 사용한 색상을 선택해서 언더 컬러로 바르면 자연스럽고 무난하다.

(2) 아이섀도우 시술테크닉

① 먼저 화운데이션으로 눈 위에 칙칙함을 없애준다.

② 파우더를 눌러서 유분기를 제거한다.

③ 베이스 컬러를 선정하여서 큰 브러쉬를 이용하여 눈두덩이 전체를 쓸어주듯이 바른다. 주로 파스텔 브라운이나 은은한 피치 색을 사용한다.

④ 쉐도우 컬러(Shadow color)를 눈 꼬리 부분에서부터 시작하여 이이홀 방향으로 전체적으로 그라데이션 한다. 쉐도우 컬러는 2차색으로서 눈에 그윽한 음영을 주기 위해 쓰인다.

⑤ 포인트 컬러(Point color)를 쌍꺼풀 라인을 따라 끝부터 바른다. 포인트 컬러는 아이섀도우의 전체색의 이미지를 좌우하며 눈의 선명함을 나타내거나 눈매를 수정 보완하는 역할을 한다.

⑥ 하이라이트 컬러(Highlight color)는 3차원색이라 부르며 눈썹 뼈 부위에 바른다. 하이라이트 컬러의 역할은 눈썹 뼈를 밝고 환하게 표현해 줌으로써 눈매가 안정되어, 깊이 있어 보이게 하며, 눈썹도 깔끔하게 정리 되어 보이게 한다.

(3) 아이섀도우 터치법

아이섀도우 터치법은 가로, 세로, 사선터치 방법이 있으며, 터치방법에 따라 다양한 느낌으로 표현할 수 있다. 터치에 따른 변화를 알아보도록 하자.

가로 터치
- 자연스러움, 부드럽고 차분한 표현
- 튀어나온 눈, 지방이 많은 눈에 적합
- 웨딩, 데이, 오피스 메이크업

사선 터치
- 섹시함, 강렬함, 지적인 표현.
- 눈 꼬리가 처진 눈, 미간이 좁은 눈
- 이브닝, 파티, 스모키, 섹시 메이크업

아이홀 터치
- 클래식, 그윽한 눈매 표현
- 움푹 패인 눈, 눈을 크게 강조하고자 할 때

그림 4-22 아이섀도우 터치법

(4) 눈 모양에 따른 아이섀도우 수정 메이크업

다양한 눈 모양에 따른 아이섀도우 수정 방법에 대해 알아보도록 하자.

(1) 쌍꺼풀이 없이 작은 눈

아이홀 부분에 자연스럽게 음영 표현

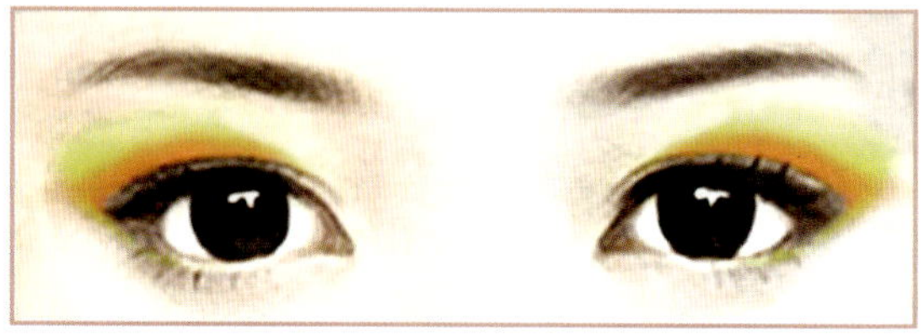

(2) 쌍꺼풀이 있는 큰 눈

은은한 색을 이용하여 아이홀 부분 엷게 그라데이션 시킨 후 눈 꼬리 부분에 포인트

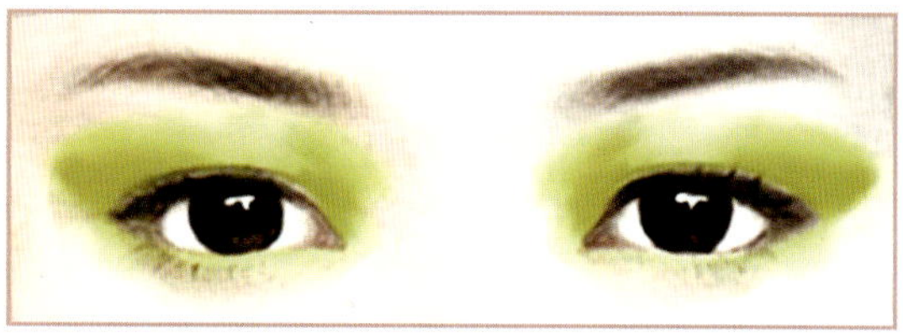

(3) 지방이 많은 두툼한 눈

자연스럽게 음영을 주며, 눈 아래, 위를 입체감 있게 표현.

펄이나 붉은 기 있는 색상은 부어보이므로 피함

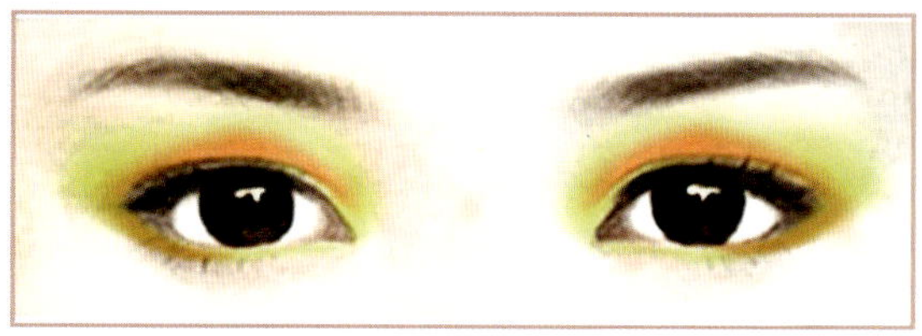

(4) 지방기 없이 움푹 들어간 눈

밝은 색상이나 펄이 들어간 색상으로 아이홀에 그라데이션

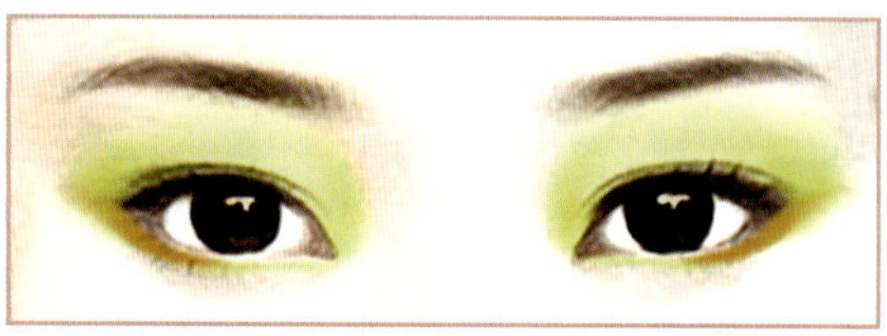

(5) 눈 꼬리가 올라간 눈

언더섀도우나 라인으로 눈 꼬리 쪽을 내려와 보이게 표현

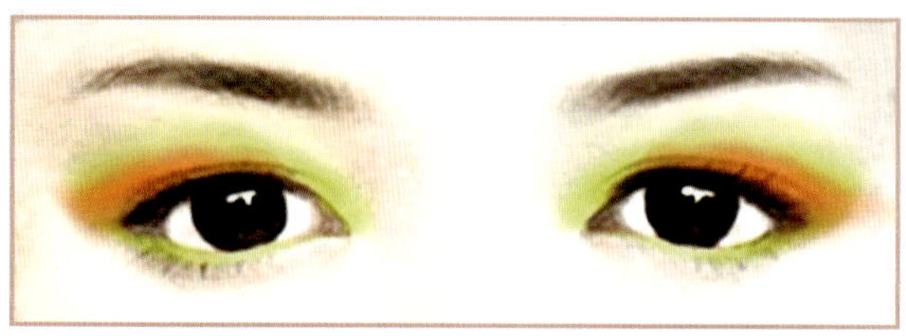

(6) 눈 꼬리가 내려간 눈

포인트 색상을 사선으로 올려 넓게 펴 발라주며, 언더섀도우는 생략

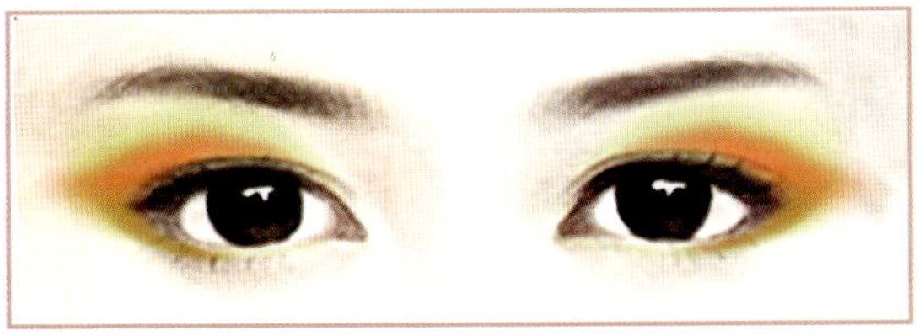

(7) 눈과 눈 사이 간격이 좁은 눈

양쪽 눈 끝이 강조되게 하며, 눈 앞부분 밝은 색상이나 펄 사용

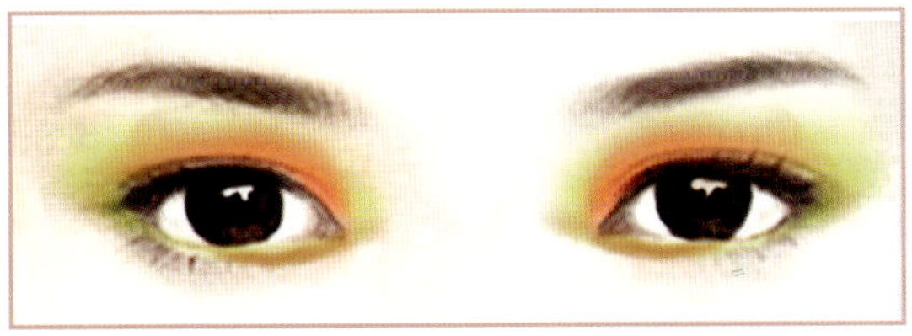

(8) 눈과 눈 사이 간격이 넓은 눈

눈 앞머리에 포인트 아이섀도우를 넣어주며, 노즈 섀도우로 자연스럽게 연결

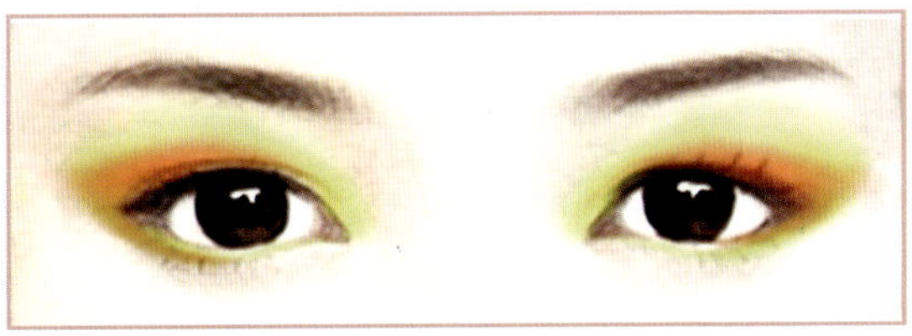

(9) 양쪽 눈 위치가 맞지 않는 눈

양쪽 눈의 균형을 맞추어 준다.

그림 4-23 눈 모양에 따른 아이섀도우 수정 메이크업

1) 아이라인(Eye Line) 시술 테크닉 및 수정 법

아이라인은 선명하고 또렷한 눈 모양을 표현하기 위해 사용되며, 작은 눈을 커 보이게 하고 생기 있어 보이게 하며, 눈 꼬리가 쳐지거나 올라갔을 때 수정의 역할도 함께 한다. 현제 눈 모양을 표현한데에 있어 아이라인은 눈매를 완성도를 높이는데 큰 역할을 한다. 그러므로 이에 따른 아이라인 시술 테크닉을 알아보도록 하자.

그림 4-24 여러 가지 아이라인(Eye line) 방법

(1) 기본형 아이라인(Eye Line) 그리는 법

① 속눈썹 난 부위에 섬세한 선으로 그려준다. 위의 라인은 눈 모양을 따라 앞부분부터 그리다가 3/4지점을 지나면서부터 눈 라인 1~2㎜ 정도 높여서 자연스럽게 그려준다. 아래라인은 눈 꼬리부터 1/3~1/2 지점까지 그려준다.

② 내츄럴한 느낌의 아이라인을 그리고자 할 때는 속눈썹과 속눈썹사이를 채우는 방법으로 그려주면 자연스럽고 은은하다.

③ 아래 라인이 번지지 않게 하려면 라인을 그린 후 면봉으로 한번 살짝 닦아준다. 그러면 라인의 번짐이 훨씬 감소된다.

④ 큰 눈의 경우 아이라인으로 펜슬이나 리퀴드 타입 대신 아이섀도우로 라인을 그려주면 부드럽고 은은한 이미지를 나타낼 수 있다.

⑤ 라인을 그릴 때는 굵기가 일정하도록 신경 써야 하며 중간 중간 끊어짐이 없도록 해야 한다.

(2) 눈 모양에 따른 아이라인 수정 메이크업

눈 모양에 따른 아이라인 수정 메이크업을 알아보도록 하자.

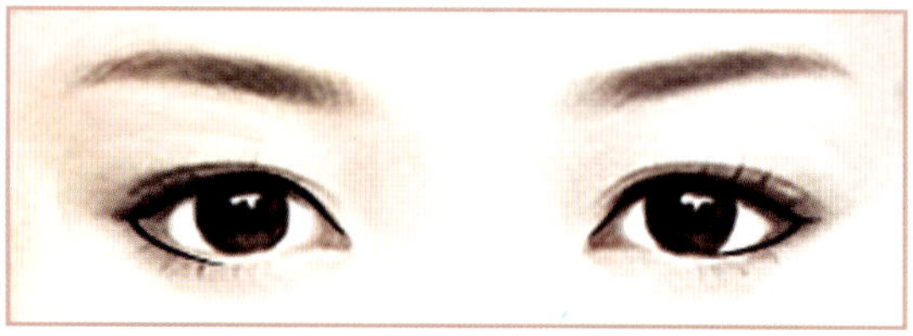

(1) 쌍꺼풀이 있는 눈

속눈썹에 가깝게 메워주 듯 그리며 가늘면서 섬세하게 표현

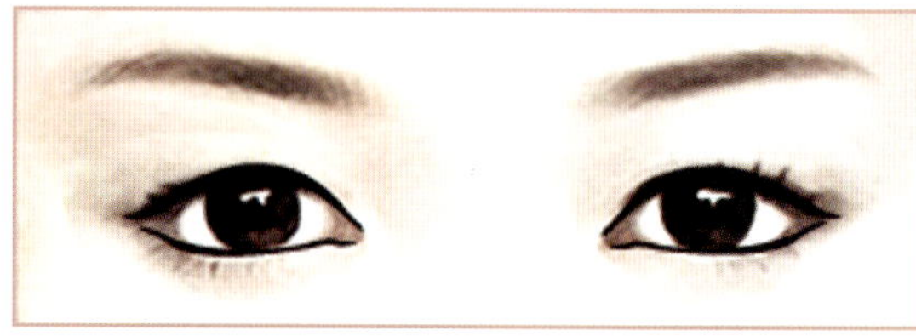

(2) 쌍꺼풀이 없는 눈

위 라인을 앞머리부터 꼬리까지 약간 굵게 표현

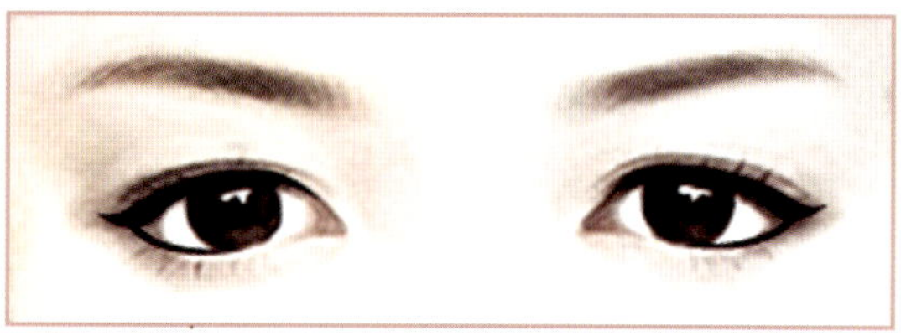

(3) 눈꼬리가 내려간 눈

꼬리부분을 살짝 올려 두껍게 채워 그려준다. 언더라인은 윗 눈꺼풀과 교차하듯 표현

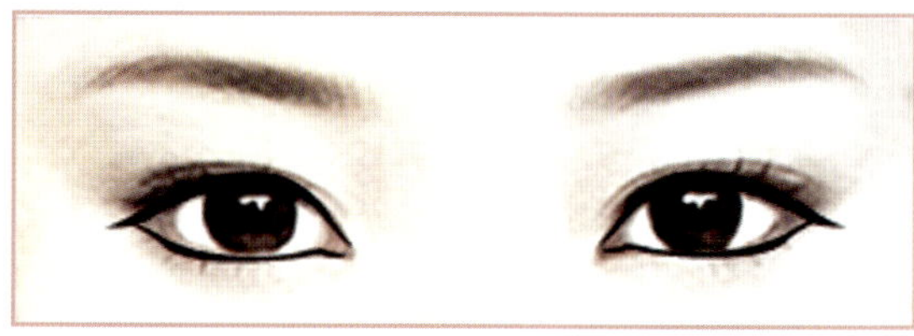

(4) 눈꼬리가 올라간 눈

윗 라인은 가늘게 그려주고, 언더라인을 눈 꼬리에서 1/3길이를 직선으로 채워서 두껍게 그려 표현

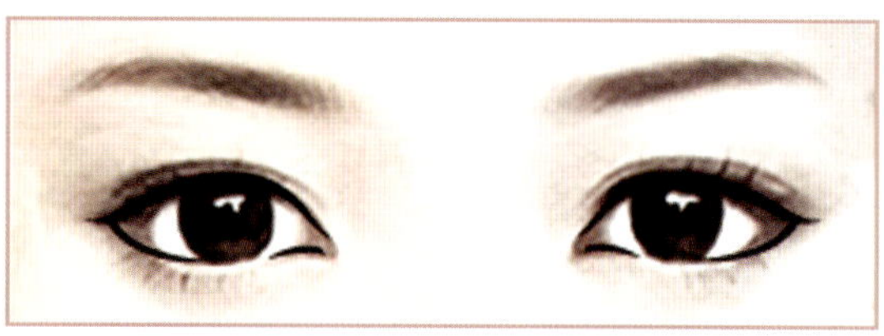

(5) 긴 눈

눈동자 중앙 부분을 두께감 있게 그려주고 눈앞머리와 눈 꼬리 부분은 자연스럽게 연결해서 표현

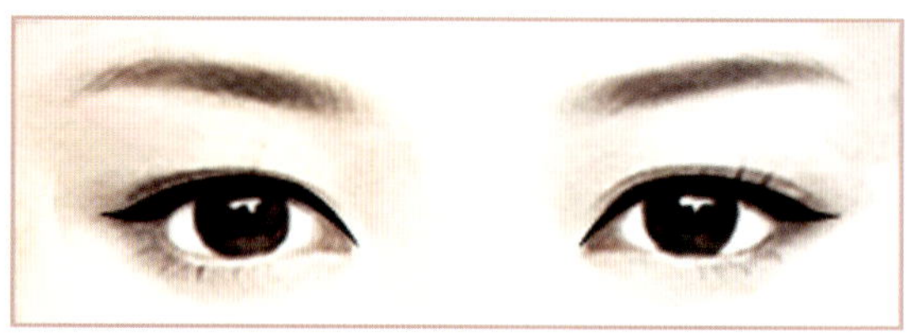

(6) 동그란 눈

눈동자 중간 부분은 생략하고 눈 앞머리와 꼬리 부부에 포인트

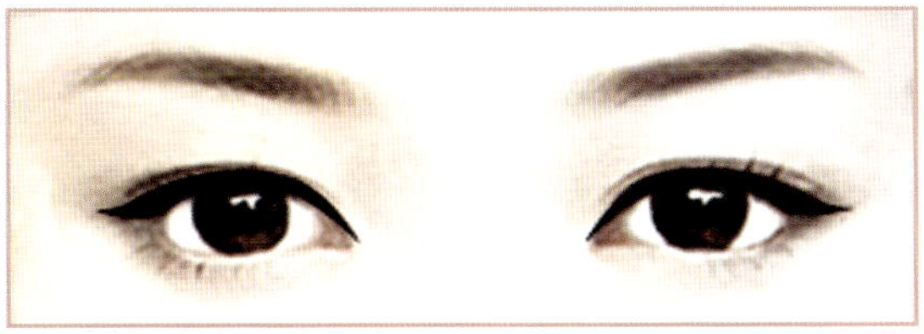

(7) 부어보이는 눈
눈앞머리부터 꼬리까지 전체적으로 라인을 그려 준다. 그중 눈 꼬리부분을 굵게 표현

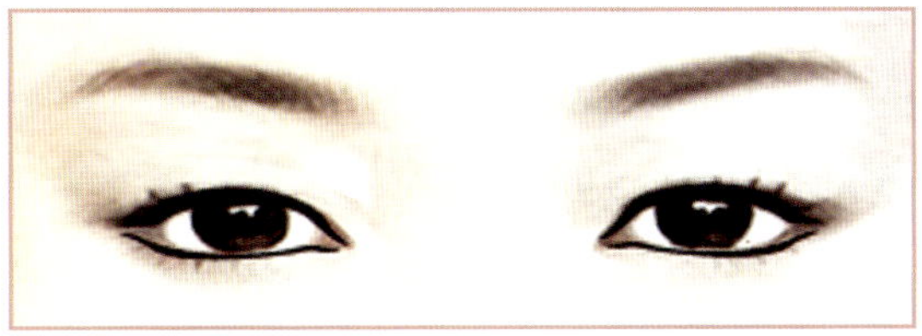

(8) 작은 눈
다른 눈에 비해 라인을 굵게 그리며 위와 아래의 라인이 만나지 않게 열려지도록 표현

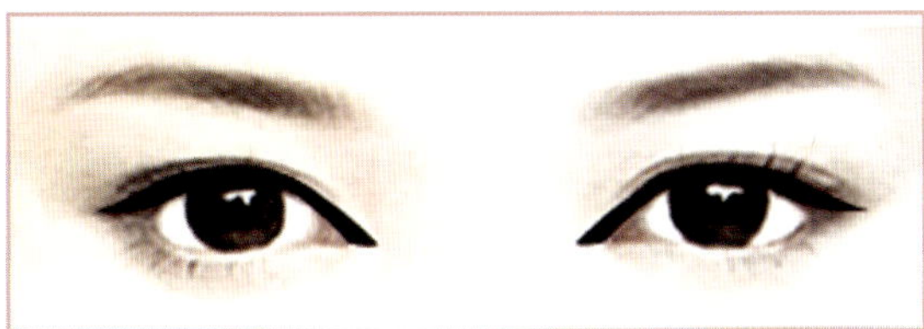

(9) 눈사이가 넓은 눈
눈앞머리에 두께감 주어 표현

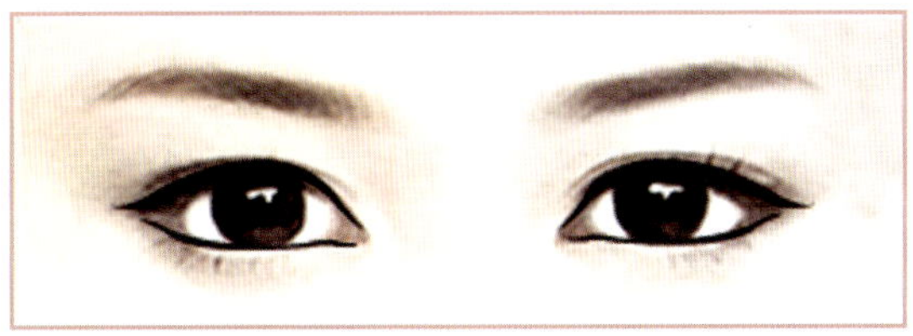

(10) 눈사이가 좁은 눈
눈 꼬리쪽을 강조해서 표현

그림 4-26 눈 모양에 따른 아이라인

3) 마스카라(Mascara) 시술 테크닉

마스카라는 눈매를 완성하는데 있어 아이라인 만큼 큰 비중을 차지며, 눈매를 풍성하게 완성해줌으로써 신비감 있고 더욱 더 또렷한 모양으로 만들어준다.

그림 4-29 다양한 마스카라색상

(1) 마스카라 시술 테크닉

① 마스카라를 잘 바르기 위해서는 먼저 아이래쉬 컬러를 사용하여 아래로 내려간 눈썹을 자연스럽게 컬링 한다. 속눈썹 뿌리까지 아이래쉬 컬러로 여러 번 그 자리에서 반복해서 눌러준다.

② 나스카라용 브러쉬에 마스카라 액이 많이 묻어있으면 눈썹이 뭉칠 염려가 있으므로 브러쉬를 티슈에 닦아 액을 조절한 후 사용한다.

③ 눈을 아래로 내려 보면서, 마스카라를 먼저 위에서 아랫방향으로 쓸어내리듯 바른다.

④ 그 다음 아래서부터 지그재그 방향으로 비틀면서 위로 컬링 한다. 아래 부분 속눈썹은 마스카라를 바를 때 브러쉬를 세로로 세워서 끝부분만 살짝 바른다.

⑤ 마스카라 액이 건조된 후에는 스크루 브러쉬나 액이 묻지 않은 마스카라용 브러쉬로 한번 더 빗어주어 속눈썹끼리의 엉킴을 없애준다.

(2) 마스카라 색상

기본색은 검정색상이며 아이섀도우색이나 눈동자 색상이나 아이섀도우 색상에 맞춰 퍼플, 브라운, 블루, 화이트 등을 사용한다.

4) 인조 속눈썹(False Eye Lashes)

인조 속눈썹은 본래의 속눈썹을 더 풍성하게 표현하고 싶거나, 더 길어보이게 표현하고 자 할때 사용하는 것으로 현제에는 다양한 길이와 숱의 형태가 있어 그 용도에 따라 다양한 표현이 가능하다.

(1) 인조 속눈썹의 사용 목적

인조 속눈썹은 눈썹의 양을 풍부하게 표현해 주며 길이를 길게 해 줌으로써 깊고 풍성한 느낌의 눈 모양을 연출할 수 있다.

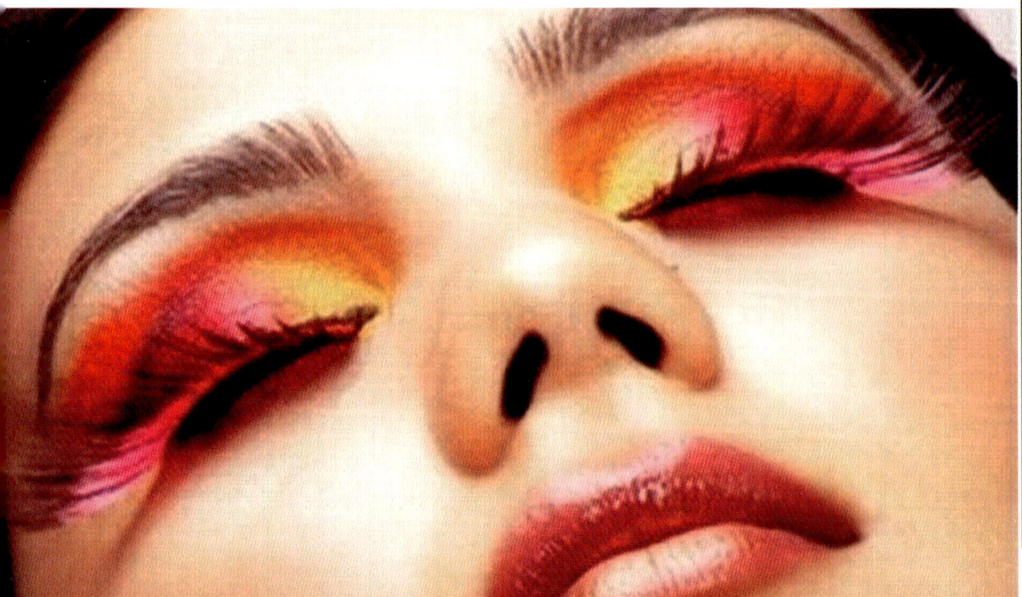

(2) 인조 속눈썹의 종류

대중적으로 많이 사용되는 색상은 검정색이며 메이크업의 목적이나 패턴에 따라 컬러가 들어 있는 속눈썹, 반짝이는 펄이 들어있는 속눈썹을 사용하기도 한다. 그리고 속눈썹의 형태로는 속눈썹 모양으로 연결되어 만들어진 것과 심는 형태인 인조 속눈썹이 있다.

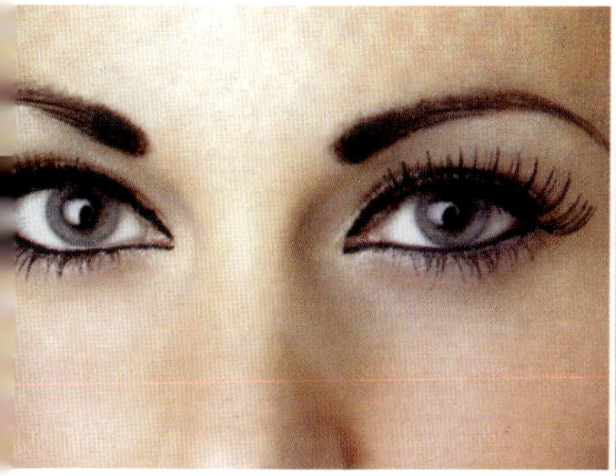

그림 4-30 다양한 인조 속눈썹

(3) 인조 속눈썹(False Eye lashes)의 사용법

① 먼저 인조 속눈썹을 붙이기에 앞서 아이래쉬 컬러를 이용하여 부드러운 곡선느낌의 컬링을 만들어 준다. 그 다음아이라인을 그리고 속눈썹을 붙이게 된다.

② 인조 속눈썹에는 각각의 올올이 심는 타입의 속눈썹과 속눈썹 형태가 완성이 되어서 그대로 붙일 수 있도록 두 가지 타입이 있다. 심는 속눈썹은 손이 많이 가는 번거러움이 있으나 눈썹의 양을 조절할 수 있어 자연스러운 표현이 가능하다. 붙이는 속눈썹은 쉽게 대중적인 것을 이용할 수 있는 장점과 여러 타입의 모양을 본인 눈썹 양에 맞게 골라 쓸 수 있어서 좋다.

③ 속눈썹을 붙일 때는 눈길이 보다 약간 짧게 잡아서 길이를 잘라준다. 속눈썹의 숱과 길이도 너무 많거나 길면 부자연스러우므로 자연스럽게 컷팅 해 준다. 그 다음 인조 속눈썹을 자연스럽게 구부려서 눈에 붙이기 적당하게 만든 후 접착제를 바르고 자리를 잡아 붙인다. 그 다음 고정을 시키기 위해 면봉으로 지그시 눌러준다.

	SR 인조속눈썹	자연눈썹과 비슷한 모양으로 웨딩 메이크업이나 화보 촬영에 주로 많이 사용
	SM 인조속눈썹	눈매를 또렷하게 표현하는 모양으로 방송아나운서 메이크업에 사용
	SX 인조속눈썹	눈매를 동그랗고 크고 풍성하게 표현할 수 있는 모양으로 무대 분장용으로 사용.
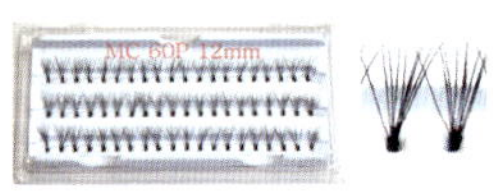	심는 속눈썹	자연스러운 눈매를 연출에 사용

그림 4-31 인조 속눈썹의 종류

(4) 심는 속눈썹(Indrvidual Lashes)의 사용법

① 심는 속눈썹을 올올이 떼어낸다.

② 속눈썹 끝 부분에 접착제를 바른 후 눈을 반쯤 감은 상태에서 길이를 각각 다르게 하여 최대한 자연스럽게 올올이 붙여준다.

③ 마지막으로 자연스럽게 컷팅하여 정리한다.

7. 립스틱(Lipstick) 시술 테크닉 및 수정 메이크업

입술의 모양이나 입술 색에 따라 전체 분위기 또한 많이 달라진다. 자신의 얼굴형에 맞는 입술모양과, 피부색에 맞는 립스틱 색상을 선택하여서 번짐이 없이 깨끗하게 지속될 수 있도록 바르는 것이 올바른 립스틱 테크닉이라 하겠다.

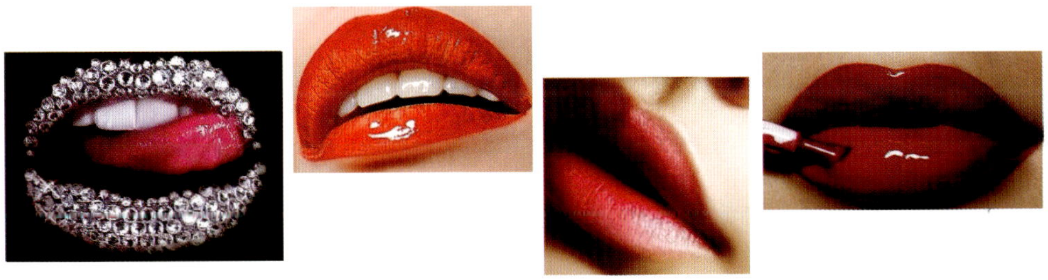

그림 4-32 다양한 립스틱(Lipstick) 시술

1) 립 메이크업 시 유의할 점.

- 의상 색에 맞춘다.(양장: 상의, 한복: 치마 색)
- 피부 톤에 맞는 컬러를 선택한다. (흰 피부: 밝은 핑크계열, 다갈색 피부: 오렌지 계열)
- 립 컬러와 블러셔컬러는 같은 색이 어울린다.
- 연령에 맞는 컬러를 선택한다. 나이가 들수록 진한 색이 어울리는 편이다.
- 치아가 황색인 경우 붉은 색은 어울리지 않으므로 치아색에도 주위를 기울여야 한다.
- 전체 Total 분위기에 맞춘다.(Hair, 의상, 악세사리).

2) 올바른 입술 모양 그리기

① 립스틱을 바르기 전 우선 입술 모양의 수정이 필요한 사람은 화운데이션을 이용하여 원래의 입술라인을 최대한 깨끗하게 커버해 준다. 유분기를 없애기 위하여 파우더를 눌러서 바른다.

② 윗입술 중앙부터 시작하여 좌우 대칭이 맞게 입술 산을 그리고 다음 윗입술 양 끝부분을 향해 그린다.

③ 아랫입술도 중앙부터 그려서 중심을 잡은 후 아랫입술 양 끝 부분을 향해 그려준다.

④ 입술을 벌려서 위 입술과 아랫입술의 구각 부위를 연결해 준다.

⑤ 립스틱의 지속력을 위해서 티슈로 유분기를 제거한 후 파우더를 한번 덧 바른 후 다시 한번 더 립스틱을 발라준다.

3) 기본형 입술

- 입술의 양 끝은 눈동자 중앙에서 수직으로 내린 선의 조금 안쪽에 위치한다.
- 입술 산은 양 콧구멍을 중심으로 수직으로 내린 선과 만나는 부분에 위치한다.
- 이상적인 윗입술 : 아랫입술 비율은 1 : 1.5 이다.

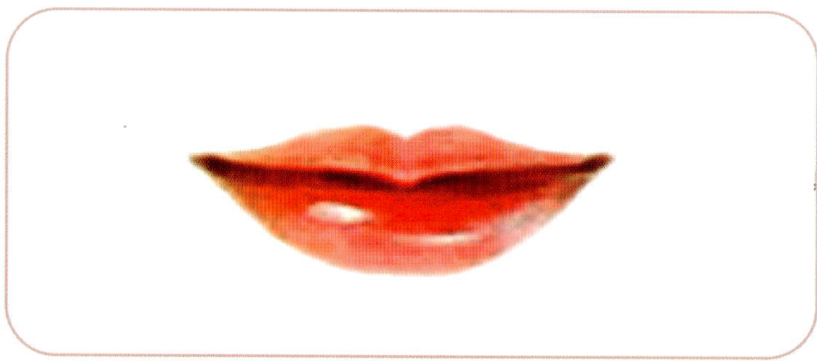

그림 4-34 기본형 입술

4) 립 라인(Lip Line)에 따른 이미지 변화

입술의 색상은 혈색을 부여함으로써 여성미를 강조하며, 입술의 형태는 그 모양에 따라 다양한 이미지를 만들어 낸다. 형태에 따른 이미지에 대해 알아보도록 하자.

① 아웃커브(Out curve)

매혹적이고 관능적인 이미지.
원래 입술라인 보다 1~2㎜ 넓게 그려준다.

② 스트레이트형(Straight)

샤프하며, 지적이미지.
단정한 유니폼을 착용할 때 어울리는 입술모양이다.

③ 인커브(In curve)

귀여운 이미지와 여성스러운 이미지.
원래의 입술 라인보다 1~2㎜ 정도 안쪽으로 그려준다.

5) 립 색상이 주는 이미지

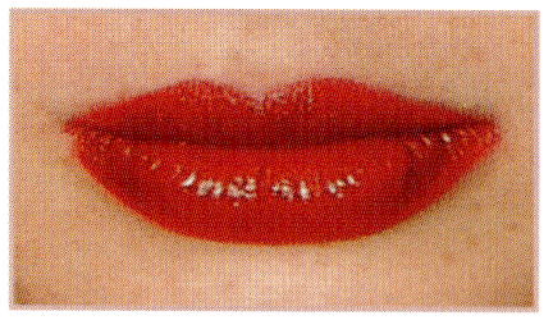

Red 계열그림
성숙, 정열, 매혹적

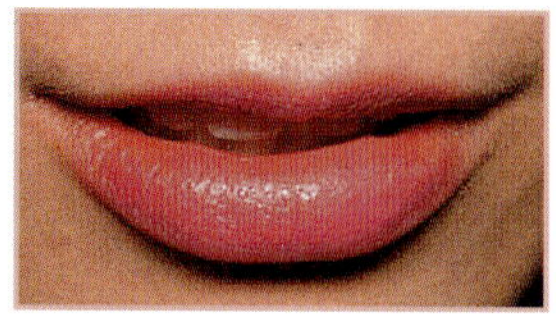

Pink 계열그림
청초, 순결, 소녀 같은 느낌

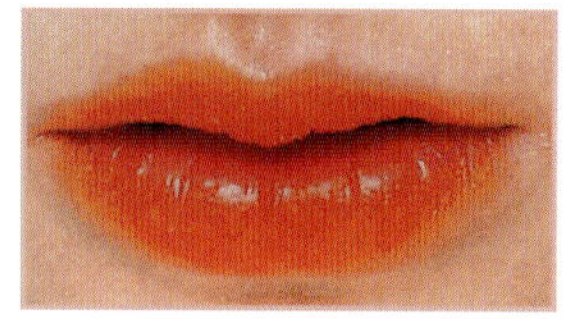

Orang계열그림
발랄함, 건강미. 스포티

Purple 계열그림
신비, 세련미, 섹시

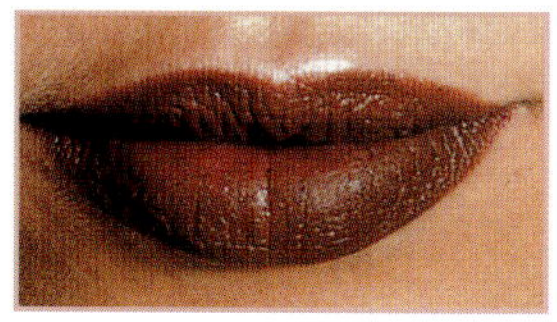

Brown 계열그림
지적, 차분함

6) 입술의 질감

크림 타입
표준 질감이며 적당한 촉촉함과 색상지속력이 있어 무난하게 사용가능하다.

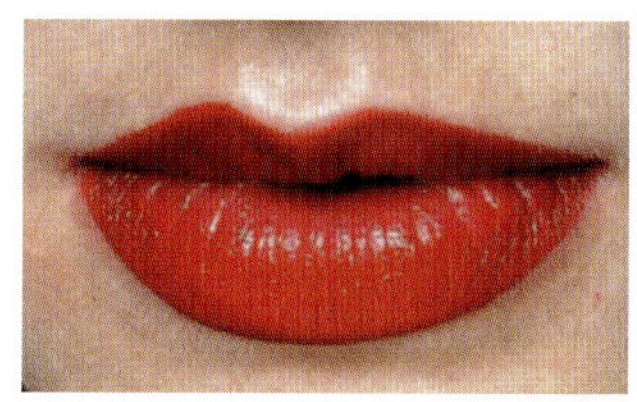

매트 타입
광택이 없이 건조하게 표현하는 것으로 신비감을 주거나 창백한 표현, 캐쥬얼적인 표현에 효과적이다.

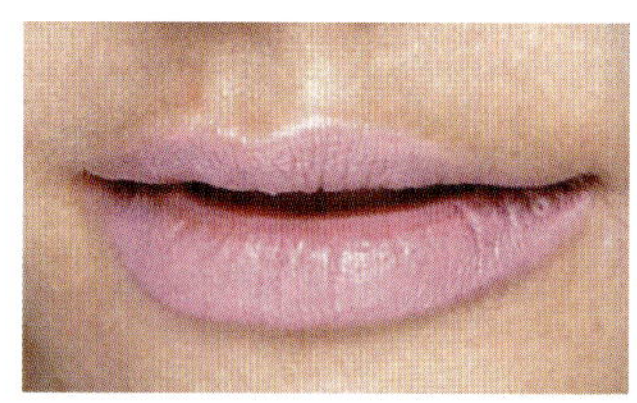

쉬어 타입
촉촉하고 윤기나게 표현하는 것으로 부드럽고 소녀적인 분위기를 나타낼 수 있다.

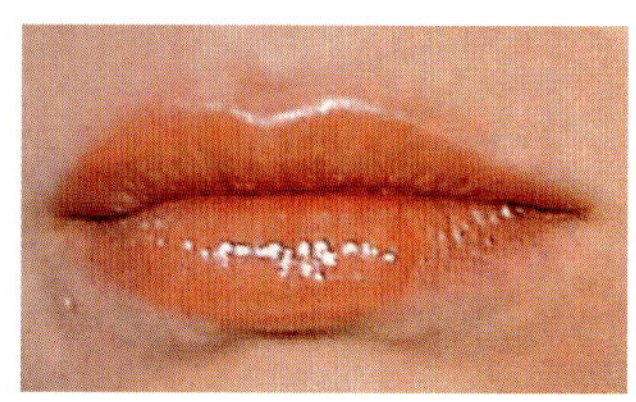

이리디샌트 타입
립스틱에 펄이 들어간 것으로 화려하고 섹시느낌을 표현할 수 있다.

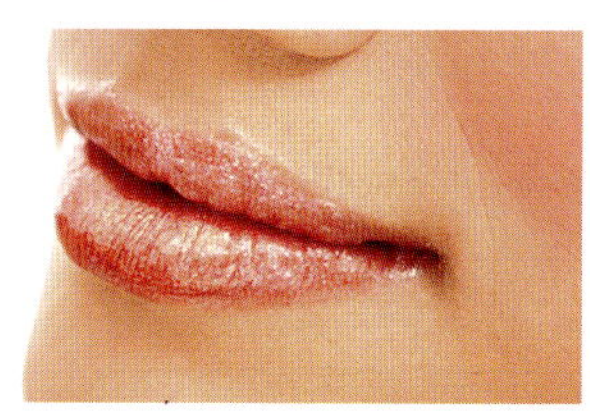

7) 입술 형에 따른 립 수정 메이크업

입술에 따른 수정 메이크업에 대해 알아보도록 하자.

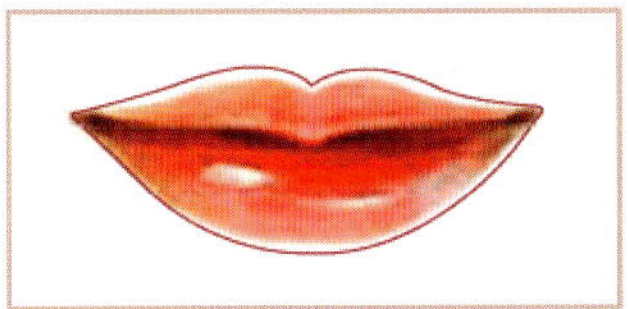

(1) 얇은 입술
원래의 입술라인보다 1~2㎜ 정도 바깥쪽으로 라인 표현. 립스틱은 색상의 풍만함을 느끼게 하기 위해서 엷은 파스텔계열이나 펄이 든 립스틱이 적당

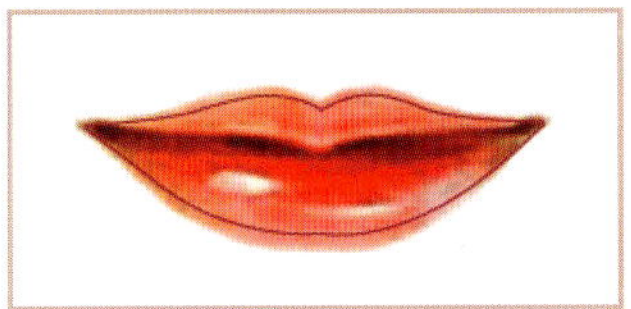

(2) 두꺼운 입술
원래의 입술라인을 화운데이션으로 철저히 커버한 후 짙은 색의 라인을 이용하여 원래 입술 라인 보다 1~2㎜ 안쪽으로 표현.립스틱 색상은 짙은 색이 수축의 효과를 나타내므로, 약간 짙은 색을 선택

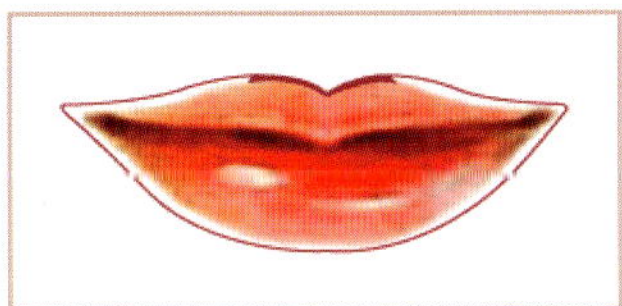

(3) 작은 입술
입술의 전체 길이와 넓이를 1~2㎜ 정도 넓혀서 그려준다. 립스틱 색상은 핑크, 오렌지계열의 밝고 따뜻한 색을 선택하고 아랫입술 중앙 부분에 펄이나 립 글로즈를 사용

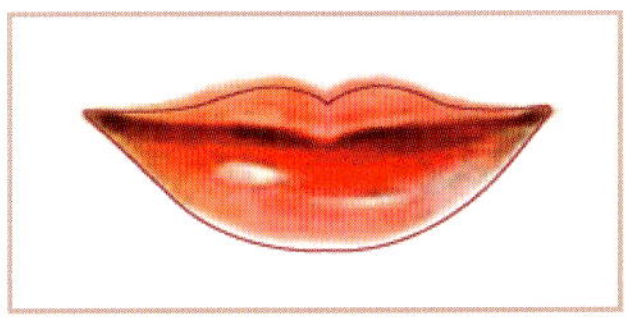

(4) 윗입술이 두꺼운 입술
윗입술 라인을 화운데이션을 이용하여 윤곽을 감춘 후 본래 입술라인보다 1~2㎜ 안쪽으로 그리고 반대로 아랫입술을 늘려서 표현. 아랫입술에 펄이나 밝은 립스틱을 하이라이트를 주어 도톰한 느낌의 아랫입술을 연출

(5) 아랫입술이 두꺼운 입술
아래 입술을 1~2mm늘려서 아웃커브로 표현

(6) 입술라인이 흐린 입술
립 라이너, 립 펜슬 등으로 또렷하게 입술라인을 그린 후 원하는 립스틱으로 안을 채워서 표현

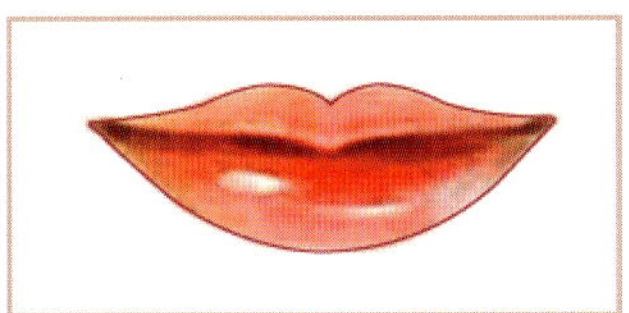

(7) 주름이 많은 입술
파우더로 입술의 유분기를 없앤 후 단단한 펜슬타입의 립 라이너로 라인을 선명하게 표현. 그리고 립스틱은 유분기가 적은 연한 계열의 색을 선택

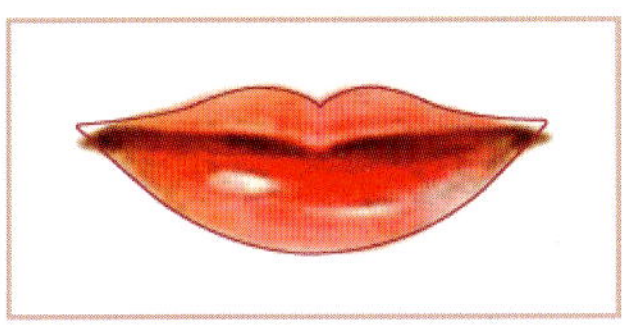

(8) 입 꼬리가 처진 입술
입 꼬리가 처진 형의 입술은 침울해 보이고 나이 들어 보이므로 이러한 입술은 입술의 구각부분을 살짝 올려서 그려주며 밝고 펄이 든 립스틱을 선택하여 생기 있는 분위기로 연출

그림 4-35 입술 형에 따른 립 수정 메이크업

8. 블러셔(Blusher) 시술 테크닉 및 수정 메이크업

블러셔의 목적은 뺨에 혈색을 부여하여 여성스러운 화사함을 표현하고, 얼굴형의 윤곽을 수정하여 아름다운 얼굴형을 만들고자 하는데 있다.

그림 4-36 다양한 블러셔(Blusher) 시술

1) 기본적인 블러셔

모델이 정면을 보고 있을 때 검정 눈동자가 위치하는 곳을 수직으로 내리고 코끝부분을 수평으로 연결해서 만나는 바깥부분에 위치하도록 한다. 블러셔의 붉은 기가 너무 얼굴의 안쪽으로 표현되면 다소 어색해 보일 수 있으므로 주의한다.

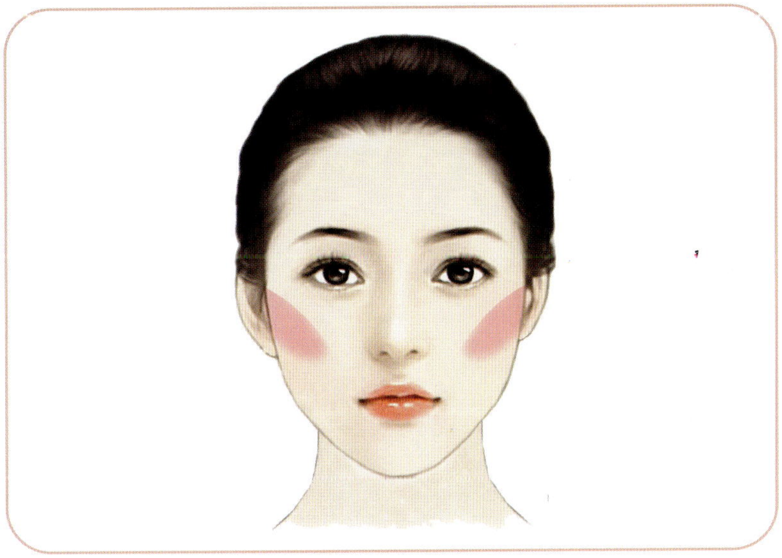

그림 4-37 기본적인 블러셔

2) 블러셔 바르는 기본 테크닉

① 블러셔를 하기 전 먼저 볼에 유분기를 없애 주어 얼룩짐을 방지한다.
② 너무 많은 양을 한꺼번에 바르게 되면 고르게 그라데이션 되기가 어려우므로 먼지 브러쉬에 적당량을 묻힌 후 손등에서 조절한 다음 가볍게 여러 번 반복해서 바르도록 한다.
③ 블러셔를 볼의 중심에서 바깥을 원을 그리며 광대뼈를 감싸듯이 펴 바른다.
④ 세로로 길어 보이는 효과를 주고자 할 때는 관자놀이에서 입 꼬리를 향해 긴 타원형을 그리듯 발라준다.

3) 블러셔의 방향에 따른 이미지 변화

블러셔 방향에 따른 이미지 변화에 대해 알아보도록 하자.

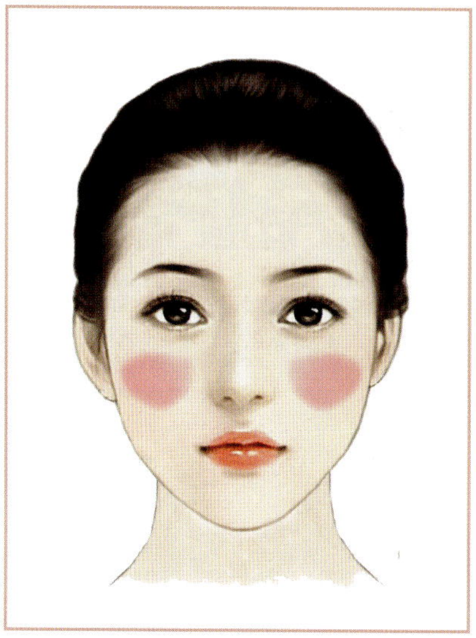

블러셔의 방향 : 볼 쪽 모양이 둥글수록 큐트한 이미지가 나타난다.

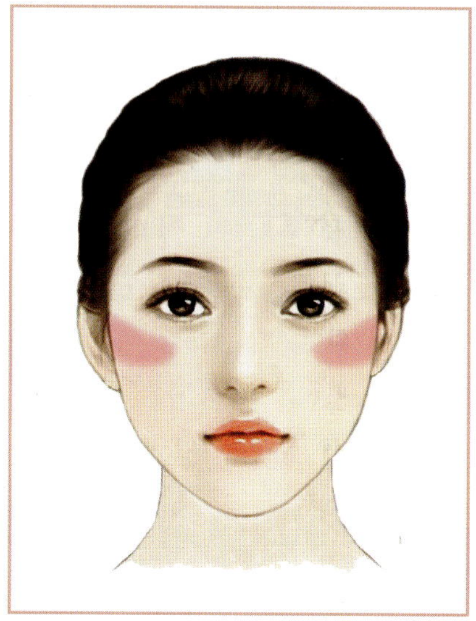

블러셔의 방향 : 생기 발랄하고 활동적 이미지가 나타난다.

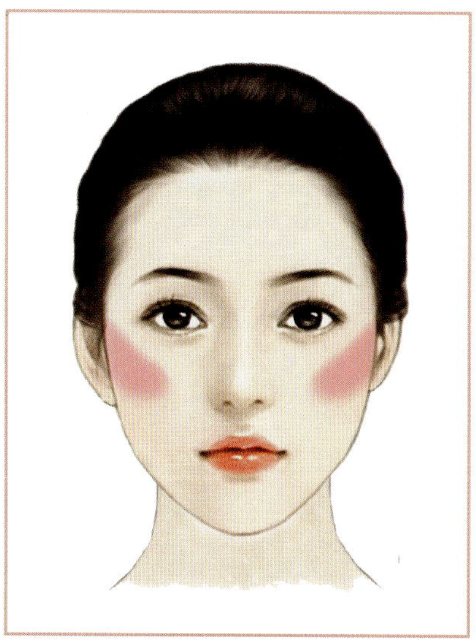

블러셔의 방향 : 빰의 뒤쪽으로 갈수록 여성미가 느껴진다.

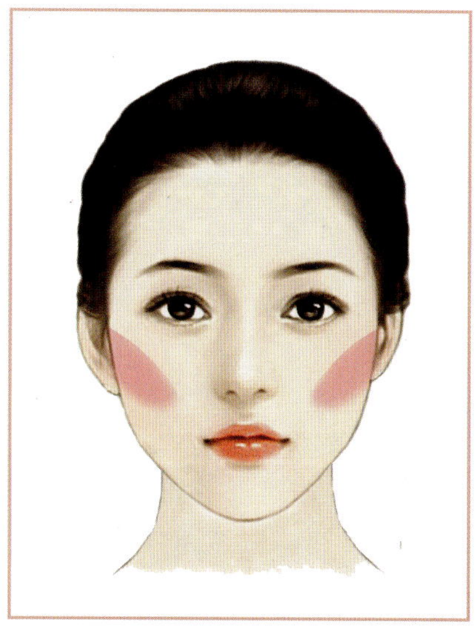

블러셔의 방향 : 샤프하면서 지적인 이미지가 느껴진다.

그림 4-39 블러셔의 방향에 따른 이미지 변화

4) 얼굴형에 따른 블러셔 방향

① 둥근 얼굴형

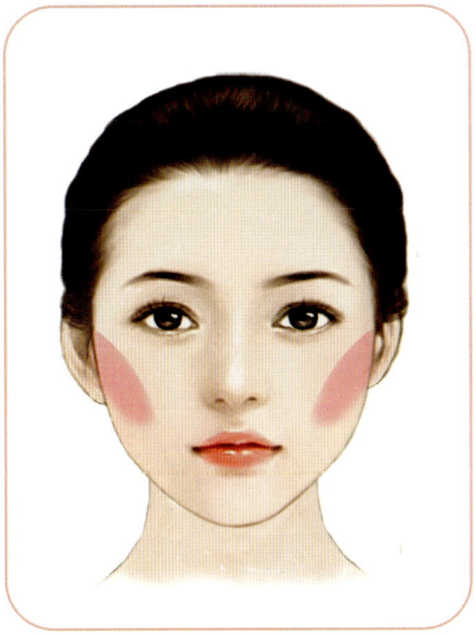

볼 뼈 위부분에서 입 꼬리 끝을 향하여 세로느낌이 많이 나게 블러셔를 한다.

② 긴 얼굴형

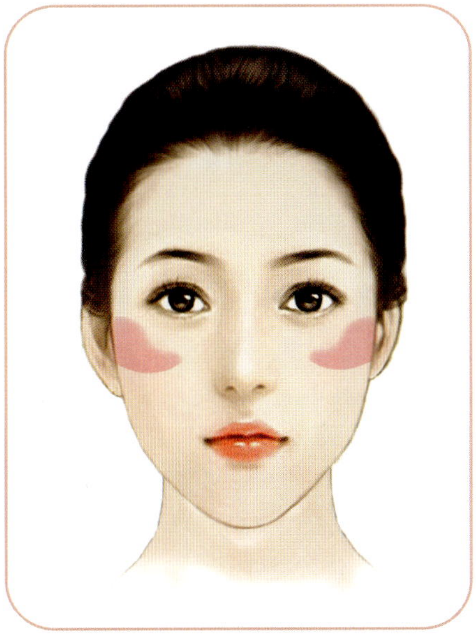

볼 부분에서 눈 쪽을 향하게 터치를 하여 가로 느낌으로 블러셔를 한다.

③ 역삼각 얼굴형

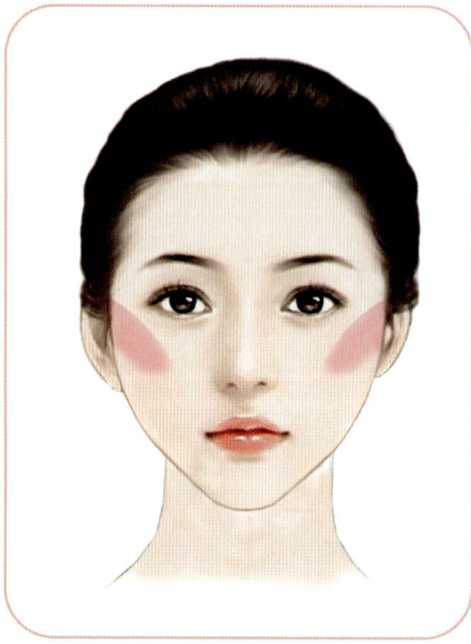

파스텔 톤의 부드럽고 화사한 색을 이용하여 볼 뼈 윗부분에서 블러셔를 한다.

④ 다이아몬드 얼굴형

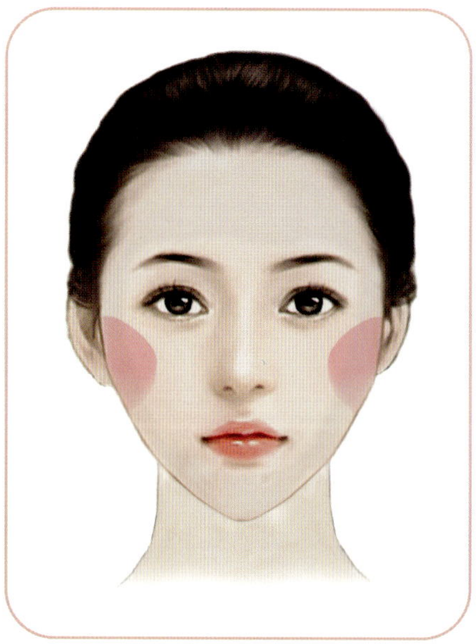

광대뼈 부위를 살짝 감싸듯이 둥글고 부드럽게 블러셔를 한다.

⑤ 사각 얼굴형

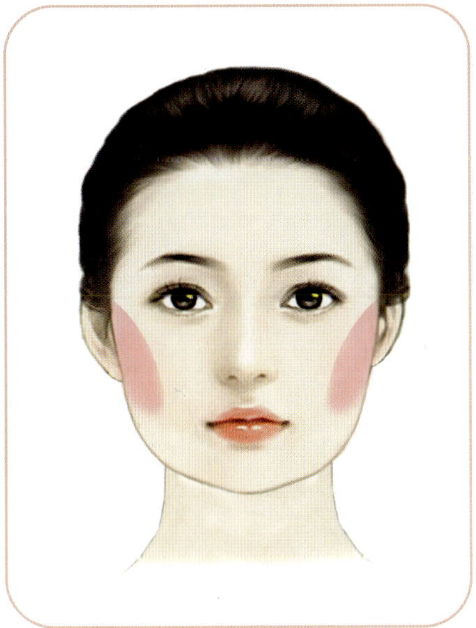

볼 뼈 아래 부분에서 부터 둥근 느낌이 나게 길게 넣어주며 각이 진 턱선과 양쪽이마 부분에 약간 짙은 색상으로 블러셔를 한다.

그림 4-40 얼굴형에 따른 블러셔 방향

5

퍼스널 컬러 (Personal Color)

Chapter 5. 퍼스널 컬러 (Personal Color System)

1. 퍼스널 컬러의 개념(Personal Color System)

개개인의 신체색상 즉 피부색, 머리카락 색, 눈동자 색에 따른 어울리는 색을 진단하여 그에 따른 색채 유형과 이미지, 스타일에 따라 패션과 뷰티에 적용하는 토탈 코디네이션 개념의 컨설팅으로 신체 고유색상과 조화를 이루는 색채유형을 사계절 봄, 여름, 가을, 겨울유형으로 구분하고 그에 따라 자신에게 어울리는 색을 구분하여 이미지 연출을 색채 중심으로 구분하는 프로그램이다.

자신의 피부색과 이미지에 맞는 컬러와 메이크업 패턴을 구분하여 보다나은 이미지를 표현하게 된다.

그림 5-1 피부색에 따른 다양한 얼굴

2. 퍼스널 컬러의 특징

1) 퍼스널 컬러 유형

- 차가운 유형 (Blue Base) : 멜라닌 색소(갈색) + 헤모글로빈 색소(빨강)
  흰빛과 푸른빛을 지닌 색으로 우유빛이나 핑크 베이지계열의 피부색, 붉은 빛이 도는 갈색 피부로 머리카락 색과 눈동자 색은 회색, 와인계열과 푸른빛의 검정 계열이 주를 이룬다.
- 따뜻한 유형(Yellow base) : 멜라닌 색소(갈색) + 케로틴 색조(노랑)
  노르스름한 황색계열로 아이보리 빛이나 내츄럴 베이지계열의 피부색으로 혈색이 없고 멜라닌 색소가 많아 기미 잡티가 쉽게 생긴다. 머리카락과 눈동자 색은 황색과 적갈색계열이 주를 이룬다.

2) 육안 측정 방법

손바닥, 손끝부분을 보고 핑크 빛이나 붉은 색 기운이 많이 돌면 차가운 피부(Blue Base), 노랑이 가미된 피치 빛은 따뜻한 피부(Yellow base)로 구분한다.
뒷머리 밑의 두피 색과 손목 안쪽을 보면 희고 푸른 빛을 지니거나 노르스름한 아이보리 빛을 지니는가에 따라 따뜻한 톤과 차가운 톤으로 구분된다.

3. 사계절의 유형별 피부색상

피부유형	피부 색상	사계절의 유형
(1) 차가운 톤 (Blue Base) 희고 푸른빛을 띄는 피부	엷은 베이지(Pure beige), 핑크 베이지(Pink beige) 로즈베이지(Rose base), 짙은 회색(Taupe), 짙은 갈색(Olive)	여름, 겨울
(2) 따뜻한 톤 (Yellow base) 노란빛을 띄는 피부	아이보리(ivory), 골드 베이지(gold beige), 테라코타(terra cotta), 밝은 갈색(warm brown)	봄, 가을

그림 5-2 블루 베이스와 옐로우 베이스

4. 사계절의 유형별 메이크업 (Personal Color Make-up)

1) 봄 타입 메이크업(Spring Type Make-up)

온화하고 부드러운 것이 특징이며 아프리카, 아메리카계통은 밝은 골드 빛을 지닌 깨끗하며 환한 피부이며, 아시아인은 밝은 아이보리 피부를 지니고 있다. 또한 피치빛의 홍조에 말고 투명한 빛을 지니고 있다.

피부 색 : 노르스름한 피부 +옐로우 베이지

봄 (Spring)	Base	Eye Color	Lip & Blusher
Image 로맨틱, 패미닌, 큐트, 액티브 이미지.	Foundation 옐로우베이스의 아이보리, 옐로우 베이지, 밝고 투명감 있게 표현. 리퀴드 타입을 이용 가볍게 표현	Eye brow 머리카락 색과 눈썹색상에 준하여 선택. 브라운계열 이나 붉은 밤색계열, 황갈색	Blusher 오렌지계열, 주홍빛 레드, 연 산호, 피치 베이지계열
	Powder 투명 파우더, 아이보리컬러, 연 산호색컬러	Eye shadow 따뜻한 계열의 색상 중 원색, 온화한 아이보리, 피치핑크, 오렌지, 산호색, 피치, 베이지, 골드 그린계열	Lip 산호빛을 지닌 핑크계열, 오렌지계열

어울리는 메이크업 컬러
브라이트 톤(Bright Tone), 라이트 톤(Light Tone),페일 톤(Pale Tone), 비비드 톤(Vivid Tone)

그림 5-3 봄 타입 메이크업 실례

2) 여름 타입 메이크업(Summer Type Make-up)

희고 푸른빛을 지닌 차갑고 부드러운 파스텔 톤이 주를 이룬다. 피부색은 핑크 톤을 지닌 색으로 핑크 베이지 계열이나 동양인들은 약간 붉은 톤의 피부색의 갈색에 로즈가 혼합된 황갈색으로 표현 되어지기도 한다.

피부색 : 붉으스름한 피부 + 로즈 베이지 (Rose Beige)

여름 (Summer)	Base	Eye Color	Lip & Blusher
Image 파스텔, 엘레강스, 내츄럴, 퓨어 이미지.	Foundation 로즈 베이지 컬러, 내츄럴 베이지 계열로 차분한 톤, 리퀴드나 크림타입	Eye brow 검정이나 회색, 회갈색 등을 활용, 블루, 퍼플계열	Blusher 연핑크계열, 로즈계열, 코코아 베이지 계열
	Powder 라이트 핑크, 라이트 블루.	Eye shadow 파스텔 톤의 연 핑크계열, 연 블루, 연 그레이, 청회색, 청 블루, 보라계열로 화이트, 실버 펄.	Lip 버건디, 로즈 베이지, 핑크 베이지

어울리는 메이크업 컬러
라이트 톤(Light), 소프트 톤(Soft), 라이트 그레이쉬(Light Grayish)톤, 덜(Dull)톤

그림 5-4 여름 타입 메이크업 실례

3) 가을 타입 메이크업(Autumn Type Make-up)

옐로우 베이스로 차분한 중간 톤과 어두운 톤이 주를 이루어 깊이 감 있는 색상을 지닌다. 가을의 피부색은 혈색이 없어 보이는 것이 특징으로 생기 있어 보이기 위해서는 피치계열이 어울린다.

피부색: 노르스름한 피부 + 골든 베이지(Gold Beige)

가을 (Autumn)	Base	Eye Color	Lip & Blusher
Image 내츄럴, 에스닉, 클래식, 스모키 이미지.	Foundation 옐로우베이스의 아이보리 웜 베이지, 내츄럴 베이지계열로 봄보다는 짙은 톤. 크림타입, 스틱타입	Eye brow 머리카락 색과 눈썹색상에 준하여 선택 브라운계열, 흑갈색, 적갈색.	Blusher 베이지 계열이나 산호, 브라운 계열.
	Powder 아이보리, 베이지.	Eye shadow 오렌지 계열, 브라운계열, 그린계열, 아이보리계열, 연베이지계열, 라이트 옐로우계열	Lip 산호계열, 핑크 베이지, 밤색 계열, 브라운 계열, 레드계열에 브라운.

어울리는 메이크업 컬러
스트롱(Strong)톤, 딥(Deep)톤, 그레이쉬(Grayish)톤, 덜(Dull)톤.

그림 5-5 가을 타입 메이크업 실례

4) 겨울 타입 메이크업(Winter Type Make-up)

겨울색상의 특징인 선명하고 강한 색으로 신체색상은 블루 베이스(Blue Base)로 차가운 톤이며 피부색과 머리카락색, 눈동자색의 차이가 밝고 어두운 콘트라스트가 강한 타입이다.

피부색: 푸르스름한 피부 + 핑크베이지(Pink Beige)

겨울 (Winter)	Base	Eye Color	Lip & Blusher
Image 모던, 섹시, 럭셔리, 스노우, 화이트닝.	Foundation 페일 베이지, 핑크 베이지로 밝고 화사하게 표현.	Eye brow 눈매를 또렷하고 강하게 표현, 모던한 이미지를 연출. 차가운 계열로 블랙, 다크 블루, 진회색을 활용	Blusher 핑크 계열이나 베이지 계열로 연출하되 자연스럽게 표현.
	Powder 투명, 연핑크, 연보라.	Eye shadow 화이트나 실버를 활용하면서 청보라, 와인, 퍼플 계열, 블랙으로 밝고 어두움을 정확하게 표현	Lip 눈을 강조할 경우 누드 베이지, 누드 핑크계열로 연출하고, 입술을 강조할 때는 푸른빛 레드 계열이나 와인계열로 입술을 강조한다.

어울리는 메이크업 컬러
페일(Pale)톤, 비비드(Vivid)톤, 다크(Dark)톤, 다크 그레이쉬 (Dark Grayish)톤.

그림 5-6 겨울 타입 메이크업 실례

6

메이크업의 분류

Chapter 6. 메이크업의 분류

1. 뷰티 메이크업(Beauty Make-up)

1) 나이에 따른 메이크업(The Ages Make-up)

(1) 20대 Make-up

20Age 피부특징		아름다움이 절정을 이루는 시기이다. 유 · 수분 발란스(Balance)로 인해 촉촉하고 매끄럽다. 피부와 인상은 젊고 깨끗하기 때문에 여러 가지의 패턴(Pattern) 메이크업도 무난히 소화해 낼 수 있다. 유행이나 계절, 의상색 등을 고려하여 선택하며 자연스럽게 표현하는 식의 메이크업을 한다. 또한 눈 화장을 짙게 하면 입술은 은은하게 하고 입술을 강조했을 경우는 눈 화장을 자연스럽게 표현해 주는 식의 원 포인트 메이크업(One point make-up)으로 답답해 보이지 않도록 하는데 유의해야 한다.
메이크업 테크닉	Base	리퀴드 타입을 소량 사용하여 얇게 펴 바르고 컨실러를 사용하여 잡티를 커버하면서 가볍고 투명한 피부 표현한다. 피부표현은 20대의 건강한 피부를 최대한 살리기 위해 최소량의 파운데이션을 바르는 것이 피부표현의 중요한 관건이라 할 수 있다.
	Eye brow	얼굴의 인상을 고려하여 정리한 다음, 빈 곳만 자연스럽게 그려준다.
	Eye shadow	의상색, 계절, 유행색, 선호색 등을 고려하여 선택한다. 핑크, 피치, 라벤더를 이용하여 눈을 감았을 때 반달모양이 되도록 자연스럽게 펴 발라준다.
	Lip	아이새도우 색상과 비슷한 립글로스, 립스틱, 글로시한 타입을 사용하여 촉촉하고 자연스럽게 표현한다.
	Blusher	아이섀도우 색상과 같은 색을 선택하고 뺨 위에 연 핑크로 둥글게 해주면 귀여운 느낌이 든다. 마지막으로 하이라이트와 쉐이딩으로 얼굴의 입체감을 살려준다.

그림 6-1 20대 Make-up 실례

(2) 30대 Make-up

30Age피부 특징		30대로 접어들면서 피부의 콜라겐(Colagen)과 엘라스틴(Elastin)의 결합도 느슨해져서 주름이 생기고, 또 수분이 부족해서 피부 건성화를 일으키며 또한 피부탄력도 저하되므로 무엇보다 피부 표현에 신경 쓰도록 해야 한다. 수분 전용 크림이나 워터 스프레이 등으로 피부를 촉촉이 한 다음 베이스 메이크업을 하도록 한다. 얼굴 인상을 밝게 하고 시선을 눈에서 입술로 이동시키는 착시 현상을 유발시키는 것이 더욱 생기 있어 보이게 메이크업 한다.
메이크업 테크닉	Base	유분과 수분이 적당히 함유된 크림 타입의 화운데이션을 두껍지 않게 바르며, 잡티나 기미 부분은 컨실러(Concealer)로 부분적으로 커버한다.
	Eye brow	눈썹 숱이 많은 사람은 눈썹을 자연스럽게 정리를 하고 브라운과 회색 아이섀도우로 가볍게 발라 주면 검은 눈썹모가 자연스럽게 보인다.
	Eye shadow	노란색과 오렌지색을 적절히 섞어서 아이홀에 펴 바른다. 와인색으로 눈 꼬리에서부터 안쪽으로 그라데이션해 주고와인색으로 눈 꼬리에서부터 안쪽으로 그라데이션해 주고 화려한 눈매를 연출할 수 있다. 흰색 펄이나 스타 파우더로 아이홀의 하이라이트 부분과 눈썹뼈 부분에 발라 주면 더욱 빛나는 눈매가 된다. 눈매가 흐릿해 보이지 않도록 아이라인을 그어주는데, 눈 꼬리 0.5㎝ 안쪽 지점에서부터 서서히 위로 올려 그려 주면 눈매도 또렷할 뿐만 아니라 쳐져 보이지도 않는다.
	Lip	와인으로 윤곽을 그린 후 윤곽으로부터 반 정도만 발라주고 나머지는 산호색 펄이나 핑크 펄로 발라 그라데이션 하면, 입체감 있고 볼륨감을 느낄 수 있는 입술이 된다.
	Blusher	은은한 오렌지와 브라운으로 볼 뼈를 감싸듯이 터치해 준다.

그림 6-2 30대 Make-up 실례

(3) 40대 Make-up

<table>
<tr><td colspan="2">40Age피부 특징</td><td>이 나이의 여성은 일반적으로 수분 위주의 화장품을 사용하면 더욱 좋다. 피부는 점차 탄력을 잃어 가고 유·수분이 줄어들어 건조하고 주름이 간다. 화장 전에 수분 스프레이를 이용하여 얼굴에 수분을 촉촉이 준 다음 충분히 스며들고 나서 화장을 하도록 하고 화장 후 건조함을 느낄 때, 때때로 수분 스프레이로 건조함을 막아 주도록 한다.</td></tr>
<tr><td rowspan="5">메이크업 테크닉</td><td>Base</td><td>피부색보다 한 단계 어두운 파운데이션으로 광대뼈나 턱 등 얼굴에 있어서 튀어나와 보이는 부분에 펴 발라 그라데이션 하고, 반대로 눈밑, 관자놀이, 코선 등 어둡게 들어간 부분은 피부 톤 보다 한톤 밝은 색으로 발라 나와 보이는 효과를 얻는다. 이렇게 하면 얼굴 형태가 아름답고 세련되어 보인다. 그리고 파우더로 마무리한다.</td></tr>
<tr><td>Eye brow</td><td>차가운 인상이거나 체격이 왜소하면 아치형 형태의 밤색으로 자연스럽게 그려 주고, 반대로 얼굴에 살이 많고 뚱뚱한 체형이면 각진 형으로 쳐지지 않게 그려주는 것이 중요하다. 눈썹이 진하면 얼굴의 인상이 강해 보이므로 화색과 밤색을 적절히 사용하여 가볍게 그려준다.</td></tr>
<tr><td>Eye shadow</td><td>여러 가지 겹쳐 바르면 눈이 더욱더 주름져 보이므로 한 가지 색만 바른다. 펄이 들어 있는 색상을 바르면 눈 주변의 주름이 더 두드러져 보이므로 주의한다. 그리고 눈썹 뼈 부분은 흰색 아이섀도우를 발라 주면 눈썹도 깔끔해 보이고 산뜻해 보인다.</td></tr>
<tr><td>Lip</td><td>핑크색이나 산호색 등 난색 계통의 색상으로 조금 짙게 바른다.</td></tr>
<tr><td>Blusher</td><td>아이섀도우 색상과 유사 색으로 선택하되 은은하게 귀 뒤쪽에서 부터 코끝과 입술 사이를 향해 타원형으로 칠해주면 은은함과 화사함을 느낄 수 있다.</td></tr>
</table>

그림 6-3 40대 Make-up 실례

(4) 50대 Make-up

<table>
<tr><td colspan="2">40Age피부 특징</td><td>50대가 되면 쳐져 있던 주름이 형성되어 본격적인 노화가 시작되는 나이다. 건성 피부는 잔주름이 많아지고 지성 피부는 살이 쳐지게 된다. 각 피부 타입에 맞는 스킨케어로 탄력 있는 피부를 가꾸도록 한다. 이때는 화장도 중요하지만 촉촉하고 윤기 있는 피부 관리에 더욱 신경을 써야한다.
그리고 외출 시에는 자외선으로부터 피부를 보호해야 노화를 막을 수 있으므로 꼭 자외선 차단을 위한 메이크업을 해 주도록 한다.</td></tr>
<tr><td rowspan="5">메이크업 테크닉</td><td>Base</td><td>피부 표현은 유 · 수분이 있는 크림 파운데이션으로 화사하게 표현해 준다. 핑크계 파운데이션의 유분기를 제거하고 몇 분 후면 얼굴 전체에 유분기가 다시 돌아 발란스가 유지 된다.</td></tr>
<tr><td>Eye brow</td><td>눈꼬리나 얼굴 전체인상이 쳐져 나이가 들어 보이고 우울해 보일 수 있으므로 회색과 밤색을 섞어 둥근 느낌으로 상승형으로 그린다.</td></tr>
<tr><td>Eye shadow</td><td>살구색이나 연 오렌지색을 눈두덩이에 펴 바르고 와인이나 브라운으로 눈매를 강조 한다. 눈 꼬리쪽에 포인트를 주면 깊이 있는 연출은 가능하나 자칫 눈이 쳐져 보일 수 있으므로 위치를 조금 올려서 해 준다.</td></tr>
<tr><td>Lip</td><td>브라운으로 윤곽을 그린 후 와인이나 오렌지나 브라운을 섞어서 자연스럽게 바른다.</td></tr>
<tr><td>Blusher</td><td>연 오렌지색이나 살구 색으로 얼굴 형태에 맞춰 둥글게 하거나 길게 터치해 주어 혈색과 생동감을 부여해 준다.</td></tr>
</table>

그림 6-4 50대 Make-up 실례

2) 이미지 메이크업(Color Image Make-up)

이미지 연출에 있어 색조화장을 표현할 때 이미지 스케일은 매우 중요한 이론적 기반이 된다. 이미지 스케일은 색에 관한 감각적인 판단을 보다 객관적으로 판단하기 위하여 개발된 체계로써 색채이미지를 형용사 의미 분별법을 이용하여 모든 색이 따뜻함(Warm), 차가움(Cool), 부드러움(Soft), 딱딱함(Hard), 선명함(Clear), 희미함(Grayish)을 지니는 것을 알 수 있었다.

색채이미지의 영역에 있어서 따뜻함과 차가움은(W-C) 색상 사용방법에 따라 차이가 나고, 부드러움과 딱딱함은(S-H) 명도에 따라 차이가 난다. 웜 소프트(Warm Soft)/ 웜 하드(Warm Hard)/ 쿨 소프트(Cool Soft)/ 쿨 하드(Cool Hard)의 4가지로 이미지를 유형화 하여 구분하는데, 수많은 이미지들 중 색조화장으로 가장 많이 표현 되어지는 이미지로는 다음과 같다.

프리티, 캐쥬얼, 로맨틱 이미지는 비교적 밝고, 온화하며 생동감을 느낄 수 있는 배색으로 웜소프트(Warm Soft)로 봄 타입의 이미지를 나타낸다.

봄 타입의 이미지는 밝고 화사하며 생동감을 지니고 있어 실제 나이보다 젊고 귀여운 스타일로 피부는 매끄럽고 맑고 투명하며 피부가 얇기 때문에 얼굴에 주근깨 같은 잡티를 가지고 있는 것이 특징이며 주 색상은 연핑크, 다홍의 배색이 어울리며 부드러운 이미지를 준다.

클래식, 고저스, 에스닉, 네츄럴 이미지는 원숙하면서도 자연스럽고 따뜻함을 느낄 수 있는 배색으로 웜 하드로 가을 타입의 이미지를 나타낸다.

가을 타입의 이미지는 노르스름한 차분한 피부 톤이 특징이며 차분한 계열의 골드를 기본으로 하여 베이지, 카멜색, 복숭아색, 갈색, 올리브색상이 어울리며 내츄럴한 이미지를 준다.

로맨틱, 클리어, 엘레강스, 쿨 캐쥬얼은 차가우면서 부드러운 쿨 소프트 이미지로 여름 타입의 이미지를 나타낸다.

여름 타입의 이미지는 중간톤의 피부색에 다소 붉은 피부색이거나 핑크빛이 도는 것이 특징이며 화이트, 라이트 그레이, 블루, 핑크, 로즈 색상 등이 어울리며 부드러우면서도 여성스러운 이미지를 준다.

모던, 시크, 댄디는 중후하면서도 차갑고 딱딱한 쿨 하드의 이미지로 겨울 타입의 이미지를 나타낸다. 겨울 타입의 이미지는 창백할 정도의 흰 피부가 특징이며 블랙, 화이트, 청색, 보라 색상이 등이 어울리며 선명하고 액티브한 이미지로 도회적인 세련미를 가진다.

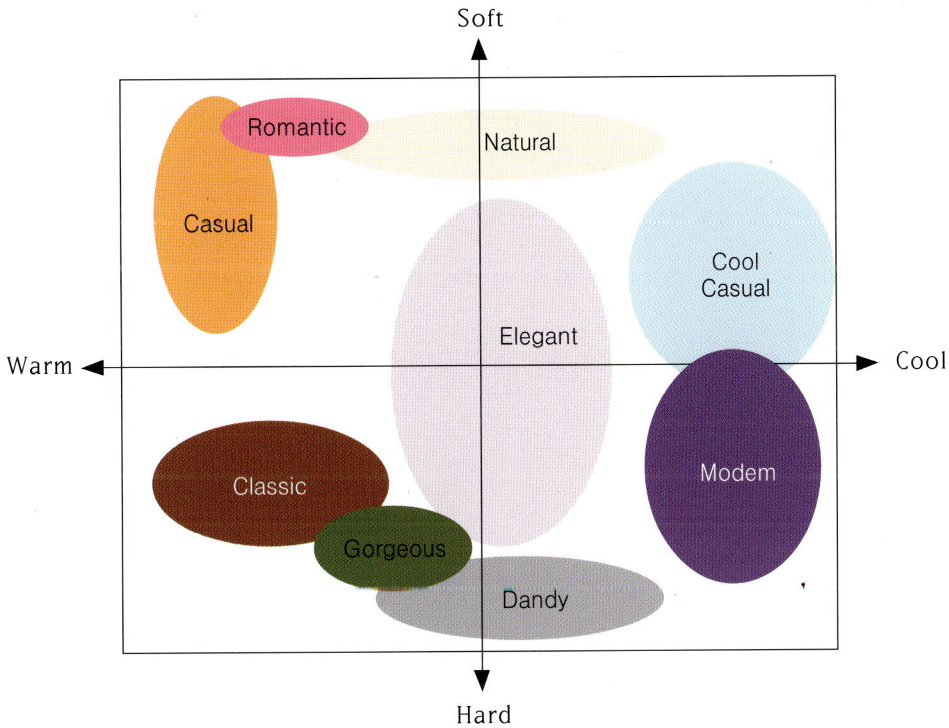

그림 6-5 이미지 스케일

이미지 스케일	표현되는 이미지
Warm Soft	Pretty, Romantic, Casual
Warm Hard	Classic, Gorgeous, Ethnic, Natural
Cool Soft	Romantic, Clear, Elegance, Cool Casual
Cool Hard	Modern, Chic, Dandy

(1) 로맨틱 이미지 메이크업(Romantic Image Make-up)

① 특징

"공상적, "비현실적인 의미로 부드럽고 사랑스러운 이미지로 여성미가 느껴지며, 어린소녀와 같은 순수하고 귀여운 이미지로 낭만적인 분위기를 연출한다. 주요색조는 온화하고 부드러운 느낌을 주는 은은한 색으로 낭만적인 분위기로 밝은 분위기를 연출한다. 주요색조는 연 핑크, 피치, 옐로우 등의 파스텔 계열이 적당하다.

② 메이크업 테크닉

- Base

핑크 빛이 도는 화운데이션으로 밝고 화사한 느낌으로 베이스 한다.

- Eyebrow & Eyeshadow

아이브로우는 부드러운 베이지, 갈색을 이용하여 눈썹사이를 메우듯이 그려주며, 펄이 들어간 파스텔 아이새도우를 이용하여 눈두덩이에 펴 발라준다. 아이라인은 펜슬 또는 아이새도우로 라인을 그리 듯이 눈매를 살려준다.

- Lip

핑크계열을 이용하여 글로시하게 연출한다.

- Blusher

입술색상과 비슷한 피치계열을 이용하여 볼 중앙에 둥글려준다.

로맨틱 이미지 컬러배색

그림 6-6 로맨틱 이미지 메이크업

(2) 클래식 이미지메이크업(Classic Image Make-up)

① 특징

“고전적,”전통적, “모범적 등의 의미로 보수적이며 중후한 느낌을 내며 깊이감과 격조감이 내재되어 있다. 주요색조는 고전적인 깊이감이 느껴지는 짙고 따뜻한 색을 중심으로 갈색계열의 베이지, 다크 브라운, 골드, 와인, 네이비가 주로 사용되어지는 톤으로 딥과, 덜, 그레이시가 주를 이룬다.

② 메이크업 테크닉

- Base

차분한 느낌이 들도록 베이지계열의 화운데이션을 이용하여 피부 표현을 한다.

- Eyebrow & Eyeshadow

아이브로우는 브라운, 그레이컬러를 이용하여 눈썹 산에서 꼬리에 색감을 또렷하게 그린 후 아이섀도우는 아이보리, 골드, 다크 브라운컬러를 이용하여 매트하게 표현한다.

- Lip

와인, 브라운 컬러를 이용하여 스트레이트 형태로 매트하게 표현한다.

- Blusher

베이지, 밝은 브라운 컬러를 이용하여 광대뼈를 감싸듯이 터치한다.

클래식 이미지 컬러배색

그림 6-7 클래식 이미지메이크업

(3) 캐쥬얼 이미지 메이크업(Casual Image Make-up)

① 특징

자유분방하고 동적이며 편안하고 생동감 있는 이미지를 연출하는 것으로 주요색조는 따뜻한 색을 중심으로 선명한 원색을 주로 하여 고채도의 색상과 함께 연출할 수 있다.

② 메이크업 테크닉

- Base

본인 피부색 유사한 색으로 밝고 가볍게 베이스 한다.

- Eyebrow &Eyeshadow

아이브로우는 표준형, 각진형으로 그려주며 아이새도우는 오렌지, 핑크, 그린, 블루의 선명한 색으로 쌍꺼풀이 있는 부분에 그라데이션 한다.

- Lip

오렌지, 피치 색상으로 발라준 후 글로스로 마무리 한다.

- Blusher

입술 색상과 유사한 컬러로 볼 중앙에 둥글려준다.

캐주얼 이미지 컬러배색

그림 6-8 캐쥬얼 이미지 메이크업

(4) 엘레강스 이미지 메이크업(Elegance Image Make-up)

① 특징

"우아한 "품위 있는 " 고상한, 이란 의미로 온화하고 세련되며 기품있는 스타일을 표현하는 것으로, 주요색조는 채도가 낮은 부드러운 색조와, 약간 어두운 톤의 보조색의 조화로 섬세한 느낌을 표현한다. 색상은 인디언 핑크, 레드, 퍼플 등이고 톤은 부드러운 라이트 그레이시 적합하다. 원숙한 감각의 색, 절제된 느낌의 색으로 차분하게 연출한다.

② 메이크업 테크닉

- Base

본인 피부 톤 보다 한톤 밝은 톤으로 베이지컬러, 핑크컬러로 화사하게 표현한다.

- Eyebrow & Eyeshadow

아이브로우는 아치 형태로 부드럽게 표현하고, 아이새도우는 파스텔의 퍼플, 이용하여 은은하게 펴 바른 후 와인, 퍼플의 포인트 컬러로 깊이감을 연출한다.

- Lip

와인컬러, 인디언 핑크를 사용하여 발라준다.

- Blusher

브라운, 퍼플을 그라데이션하여 광대뼈에서 볼 중앙으로 펴 바른다.

엘레강스 이미지 컬러배색

그림 6-9 엘레강스 이미지 메이크업

(5) 모던 이미지 메이크업(Modern Image Make-up)

① 특징

"현대적, "근대적"이란 뜻으로 날카롭고 차가운 인상의 도시적이고 쉬크한 이미지의 현대적인 감각을 의미한다. 주요색조는 화이트, 블랙의 무채색과 블루계열의 차가운 색조가 주를 이룬다. 메이크업의 디자인은 세련되고 심플하고 차가운 느낌을 강조한다.

② 메이크업 테크닉

- Base

베이스 전 단계에 피부를 꼼꼼히 정리하고 메이크업 베이스를 바른 후 본인 피부 톤 보다 한 톤 밝은 화운데이션을 이용하여 깔끔하고 깨끗한 피부표현을 한다.

- Eyebrow & Eyeshadow

아이브로우는 직선적인 느낌으로 연출하고 아이섀도우는 펄이 들어간 은색의 베이스를 바른 후 블루, 네이비, 불랙 컬러를 이용하여 깊이는 눈매를 연출한다. 펜슬, 아이라이너를 이용하여 눈매를 또렷하게 그리 후 블랙 마스카라를 사용하여 풍성한 눈매를 연출한다.

- Lip

누드 베이지, 핑크 베이지 컬러를 이용하여 그린 후 립글로스를 이용하여 마무리 한다.

- Blusher

베이지 컬러를 시용하여 얼굴의 윤곽을 수정한다.

모던 이미지 컬러배색

그림 6-10 모던 이미지 메이크업

(6) 고저스 이미지 메이크업(Gorgeous Image Make-up)

① 특징

"화려한, "호화스러운, "눈에 번쩍 띄는 의미로 상류층의 고급스러우면서도 화려한 분위기를 연출하는 것을 말한다. 주요색조는 화려한 감각의 장식적인 느낌을 주는 저채도의 따뜻한 계열의 색상으로 연출한다. 골드, 베이지, 카멜, 레드, 딥 퍼플, 오렌지, 옐로우의 색상으로 표현한다.

② 메이크업 테크닉

- Base

피부의 잡티를 커버하고 얼굴의 윤곽을 컨투어링 한 후 피부 톤보다 한 톤 밝게 베이스 한다.

- Eyebrow & Eyeshadow

아이브로우는 브라운 컬러를 이용하여 아치형으로 그려주고, 골드, 베이지, 카멜색상을 이용하여 아이새도우 해준다. 눈매는 아이라이너를 이용하여 두께감 있게 그려주고 블랙 마스카라를 이용하여 속눈썹을 풍성하게 해 준다.

- Lip

레드, 오렌지컬러를 이용하여 볼륨감 있게 그려준다.

- Blusher

입술색상과 유사한 색상을 선택하여 광대뼈를 감싸듯이 펴 준다.

고저스 이미지 컬러배색

그림 6-11 고저스 이미지 메이크업

(6) 에스닉 이미지 메이크업(Ethnic Image Make-up)

① 특징

"민속적인, 특정지역의 자연환경, 생활 풍습의 이국적인 이미지를 의미하는 것으로 중국, 이집트, 라틴 아메리카, 일본, 인디아의 중동지역의 자연의 영감을 받은 소박한 이국적 정서를 표현한다.

② 메이크업 테크닉

- Base

본인의 피부톤 보다 한 단계 어둡게 베이스한다.

- Eyebrow & Eyeshadow

아이브로우는 눈썹을 메우듯이 갈색을 이용하여 그려주고 골드, 레드, 브라운 컬러를 이용하여 눈에 음영을 넣어준다, 아이라인은 또렷하게 그려주어 아이새도우보다는 아이라이너로 눈매를 더욱 선명하게 살려준다.

- Lip

핑크 레드 컬러를 사용하여 그려준다.

- Blusher

베이지 컬러를 사용하여 얼굴의 윤곽을 수정한다.

에스닉 이미지 컬러배색

그림 6-12 에스닉 이미지 메이크업

3) 웨딩 메이크업(Bride Make-up)

결혼식 날의 신부는 일생에 있어 가장 아름다워 보이고 싶고, 가장 주목받고 싶어 한다. 또한 결혼식은 영원히 기록되어지는 순간이기 때문에, 아무래도 메이크업에 가장 신경이 많이 쓰일 것이다. 그러므로 시술자는 메이크업을 할 때 신부의 나이, 결혼식장의 조명, 드레스의 색상, 신부의 피부 톤 등을 세심하게 검토하여 실수 없이 메이크업을 하여야 한다.

(1) 큐트 이미지 웨딩 메이크업(Cute Image Wedding Make-up)

① 특징

나이가 그다지 많지 않은 어린 신부일 경우는 피부 톤 역시 맑고 깨끗하다. 그러므로 깨끗한 피부 톤을 최대한 살려서 화사하고 귀여운 신부의 이미지를 표현하도록 한다.

② 메이크업 테크닉

- Base

피부표현은 메이크업이 아침부터 밤까지 흐트러짐이 없어야 하므로 먼저 수분 스프레이를 뿌려서 얼굴에 촉촉함을 준 후 커버력이 우수한 스틱이나 커버마크 파운데이션으로 꼼꼼하게 바른다. 이때 신부의 깨끗한 피부가 완전히 가려지지 않게, 너무 많은 양의 파운데이션은 피한다.

얼굴형을 수정하고 싶을 때는 약간의 쉐딩을 넣어서 표현해 주며 핑크 계열이나 연 바이올렛 계의 화사한 파우더로 눌러준다.

- EyeBrow

아이브로우는 귀여운 이미지를 살리기 위해 약간 라운드하게 브라운 아이새도우와 펜슬을 이용하여 그려준다.

- Eyeshadow

아이새도우는 많은 양을 한꺼번에 발라서 색을 내려고 하지 말고, 적당량을 반복해서 발라주어 아이새도우의 지속력을 증대시킨다. 살색이나 연 아이보리로 눈두덩에 펴 바른 후 파스텔 브라운으로 노즈새도우를 약간 세워준다. 연 핑크와 오렌지를 섞어서 눈 꼬리에서 부터 아이홀 방향으로 그라데이션 시키고 포인트는 다크 브라운이나 다크 그레이로 선명한 눈매를 표현해 준다.

속눈썹은 신부의 눈썹 숱과 길이를 감안하여 너무 어색하지 않은 눈썹을 사용하여 붙여준다. 아이라인은 리퀴드 타입으로 깔끔하게 그려준다.

- Lip
  립스틱은 짙은 핑크나 레드 퍼플을 사용하여 아이새도우와의 조화를 이루며, 아래 입술 중앙에는 좀 더 밝은 립을 사용하여 입술이 훨씬 도톰한 느낌이 든다.
- Blusher
  블러셔는 오렌지와 핑크를 섞어서 볼 뼈 부위에 화사하게 넣어 준다.

그림 6-13 큐트 이미지 웨딩 메이크업

(2) 엘레강스 이미지 웨딩 메이크업 (Elegance Image Wedding Make-up)

① 특징

신부의 나이가 다소 들어 보일 경우는 포인트 색상을 여성스럽고 진한 쪽으로 선택하여 전체분위기를 화려하게 표현해준다.

② 메이크업 테크닉

- Base

피부에 잡티가 보이지 않도록 일률적인 색상으로 피부를 표현하며, 너무 밝은 파운데이션은 어색해 보일 수 있으므로 자연스러운 색의 파운데이션으로 커버해 준다.

화사한 느낌의 파우더를 바른다.

- EyeBrow

아이브로우는 너무 각지지 않은 모양으로 약간 진하게 그려준다.

- Eyeshadow

아이새도우를 바를 때는 먼저 파스텔 브라운을 이용하여서 노즈 새도우를 표현해주고, 연 핑크나 오렌지를 눈 위에 가볍게 펴 바른다. 그 후 브라운 계열의 아이새도우를 눈 꼬리에서 시작하여 아이홀 방향으로 레드를 섞어서 표현해 포인트에는 여성스러운 화려함을 느낄 수 있는 와인과 레드를 섞어서 표현해 준다. 언더라인에도 포인트 색상을 약간 바른다.

- Lip

립 메이크업은 짙은 와인색으로 칠해 주어 시각적으로 시선을 입술에 머물게 함으로써, 다소 잡티가 있는 피부라도 많이 커버를 할 수 있게 한다.

- Blusher

블러셔는 브라운 계열과 오렌지 계열을 섞어서 볼 뒷부분부터 그라데이션 한다.

피니쉬 파우더를 얼굴 중앙 부위에 발라 주어 화사한 피부를 표현해 준다.

그림 6-14 엘레강스 이미지 웨딩 메이크업

(3) 촬영 웨딩 메이크업 (Wedding Photograph Make-up)

① 특징

신부는 결혼식장에서도 아름다워야 하지만, 신부의 아름다움을 영원히 간직하기 위해서나 결혼식의 소중함을 기록하기 위해서 웨딩촬영을 많이 하게 된다. 흔히 결혼식 당일에는 시간이 제한되어 있으므로 결혼식 전에 날짜를 정해서 본격적인 촬영을 하는데, 좋은 사진이 나오기 위해서는 헤어스타일부터 드레스 , 메이크업의 상태 등을 여러 스타일로 연출하여야 한다.

야외에서의 촬영은 여러 가지 기후 조건이나 날씨, 장소 등의 여러 상태와 신부의 이미지가 잘 어울리게 연출하여 촬영을 하며, 스튜디오에서의 촬영 시에는 조명을 충분히 고려하여서 좋은 사진이 나올 수 있도록 메이크업과 연출에 신경을 써야 한다.

② 메이크업 테크닉

- Base

피부표현은 너무 밝지 않게, 또 투명하게 표현하여야 한다. 베이스 톤의 파운데이션과 한톤 짙은 파운데이션을 4:1정도로 믹싱 하여 차분한 피부표현을 해 준다. 또 윤곽을 뚜렷하게 표현하기 위해서는 하이라이트와 쉐딩으로 음영을 넣어 수도록 한다.

블랜딩 파우더로 유분기를 충분히 눌러서 조명이나 자연관선으로 인한 반사광이 생기지 않도록 유의한다.

- EyeBrow

아이브로우를 그릴 때는 적당한 굵기와 진하기로 그려야 한다. 눈썹의 색상이 너무 연할 경우는 빛에 의해 본래의 색보다 더 옅어 보일 수 있으므로 주의하여 자연스러움을 살려 그려야 한다.

- Eyeshadow

아이새도우는 각 연출 시마다 아이새도우 포인트 색상을 바꾸어 가며 수정하여서 다양한 분위기를 연출할 수 있도록 배려해 준다. 주의 할 사항은 아이새도우의 베이스나 메인컬러는 너무 선명하거나 또한 너무 밝은 색상은 자칫 눈이 부어 보이거나 입체감을 잃을 수 있으므로 차분하고 안정된 파스텔 색상으로 펴 바르도록 한다.

- Lip

  립스틱을 바를 때도 아이섀도우와 마찬가지로 각 연출 때에 분위기에 맞게 립스틱 색상을 바꾸어 주는 것이 신부의 다양한 분위기와 아름다움을 느낄 수 있게 할 것이다. 그리고 특히 야외에서 장시간 촬영을 할 때에는 입술이 많이 건조해지므로 립 코트나 립글로즈를 발라 입술을 보호해 주도록 한다.

  그 외에 드레스, 부케, 화관, 헤어의 연출도 한 가지의 정형화된 스타일로 계속 촬영을 하는 것 보다 자연스럽고 다양한 스타일로 연출하여 신부의 아름다움을 최대한 느낄 수 있도록 해 준다.

(4) 웨딩 메이크업 시 유의 사항

① 신부의 연령대를 충분히 고려하여서 메이크업을 시술하도록 한다. 보통 어린 나이의 신부일 경우는 깨끗하고 맑은 피부를 최대한 살려서 메이크업 하는 것이 바람직하고 반대로 나이 든 신부일 경우는 피부의 잡티를 깨끗이 감추고 얼굴의 표정 주름이 드러나지 않도록 신경 써서 메이크업을 진행해야 한다.

② 신부의 메이크업 톤을 결절할 때는 먼저 신부에게 평소 본인이 즐겨하는 메이크업 컬러와 스타일을 미리 체크해 두었다가 이를 최대한 반영해서 메이크업을 해야 신부가 어색함을 덜 느낀다.

③ 신부의 결혼식 장소에 따라서도 메이크업 톤을 정할 수 있다. 예를 들어 실내에서 결혼을 할 경우 실내의 조명이 어떠한지를 미리 염두 해 두고 메이크업을 해야 하고, 야외에서의 결혼식일 때는 아무래도 자연광선 이므로 메이크업 역시 자연스럽게 해 주는 것이 바람직하다.

④ 신부의 드레스 색상, 얼굴형태, 피부상태, 헤어스타일, 예식 장소 등 모든 것을 수렴해서 메이크업에 임해야지만 가장 아름다운 신부로 만들 수 있다.

그림 6-15 촬영웨딩 메이크업

4) 한복 메이크업(Korea Clothes Make-up)

① 특징

우리 고유의 의상 한복은 색상과 선이 우아하며, 여성스럽고 화려하다. 그러므로 한복 메이크업은 의상이 이미지를 최대한 살려서 선을 섬세하게 표현하고, 포인트 메이크업 색상의 선택으로 절제 되게 사용함으로써, 단아하고 우아한 이미지를 표현한다.

② 메이크업 테크닉

• Base

피부표현은 밝고 화사한 느낌이 들도록 하며 파우더는 베이지와 핑크를 약간 섞어서 바른다.

• EyeBrow

아이브로우는 여성미기 강조되는 아치형으로 그리며 너무 굵지 않게 그려준다.

• Eyeshadow

아이새도우는 대체로 한보의 색상과 조화를 이룰 수 있는 색을 두 가지 정도의 톤으로 선택하여 너무 화려하지 않게 표현하다. 그러나 브라운 계열의 컬러로만 표현하기보다는 핑크나 오렌지톤의 밝은 계열을 섞어서 바르면 훨 씬 화사함이 느껴진다.

아이라인은 두껍지 않게 약간 꼬리 끝까지 올려서 섬세하게 그려준다.

• Blusher

블러셔는 오렌지와 핑크계를 약간 섞어서 은은하게 홍조 띤 모습을 표현한다.

• Lip

립 메이크업은 아이새도우 색상과 조화되게 바르며 립 라인은 아웃커브보다는 윗입술을 인커브로, 아랫입술은 표준형으로 그려주는 것이 한복 이미지와 더욱 어울린다.

그림 6-16 한복 메이크업

2. 남성 메이크업 (The Male Make-up)

1) 남성 피부 관리

(1) 특징

남성 피부는 남성 호르몬인 '테스토스테론'의 영향과 과중한 업무와 이에 따른 스트레스, 음주, 흡연 등으로 인해 일반적으로 여성에 비해 피지분비가 많고 수분 함량은 1/3수준이다. 따라서 남성 피부는 지성이며 수분이 부족한 건성의 성향을 띄는 피부가 많다. 지성 피부는 피부의 모공이 두드러져 보이고 번들거리며 과다한 분비물로 인해 피부가 거칠어지고 지저분해 보인다. 또한 피부 트러블이 잘 생기고 오래 간다.

(2) 메이크업 테크닉

① 청년피부(18~25세)

10대의 가장 아름답고 건강한 피부가 사춘기로 접어들면서 피지선의 움직임은 활발하지만, 호르몬의 불균형으로 인해 피지분비가 왕성해져 피부가 번들거리고 여드름 등의 피부 트러블이 생기기 쉽고 지성 피부로 변하는 시기이다.

② 성년피부(26~35세)

25세를 기점으로 피지 분비량이 감소하고 피부탄력을 좌우하는 콜라겐과 엘라스틴의 변화로 인해 탄력이 저하되고 주름이 생기기 시작한다. 30대 이후로는 피부 건성화 또는 여러 형태의 피부 트러블이 본격적으로 시작된다.

③ 중년피부(36~40세)

30대 후반부터 피부가 쳐지고 모공이 커지며 주름이 두드러진다. 40대 이후에는 피지량의 발생과 수분 손실이 거의 일정하고 세포의 재생이 50%가까이 둔화된다. 또한 피부 탄력이 급격히 저하 되어 피부가 거칠고 생기가 없으며 잔주름이 굵은 주림이 된다.

(3) 세안

세안은 건강하고 활력 있는 피부를 만들기 위한 피부 청결의 기본이므로 매우 중요하다. 먼저 미온수로 모공을 연 후 세안제를 손바닥에 묻혀 충분히 거품을 내어 바깥쪽으로부터 마사지 하듯이 부드럽게 씻는다. 물의 온도가 너무 낮으면 모공 속의 피지가 그대로 굳어 버리고, 또 너무 높으면 탈지력이 강해 피부가 당기거나 거칠어지는 원인이 된다.

그리고 무엇보다도 세안제를 깨끗이 제거해주는 것이 중요하다. 세안제를 완전히 제거한 후에는 마지막으로 찬물로 충분히 헹구어 모공을 조여 준다.

2) 신랑 메이크업 (Bridegroom Make-up)

(1) 특징

시대의 변화에 따라 남성들도 야외 촬영이나 결혼식 때 가벼운 메이크업으로 자신의 개성을 표현하게 되었다. 신랑 메이크업은 대체로 아름다운 신부화장을 한 신부와 그 느낌을 같이 하며 최대한 자연스러우면서 깔끔한 느낌을 표현하도록 한다.

(2) 메이크업 테크닉

① Base

본인의 피부색과 최대한 비슷하거나 한 톤 어두운 파운데이션을 사용하며 자연스러운 표현을 위해 무스 타입이나 리퀴드 타입을 사용한다.

② EyeBrow

눈썹은 자연그대로의 눈썹을 결을 살려 두는 게 좋다. 베이스 메이크업 시 눈썹 주의에 파우더를 털어 내고 수정이 필요한 경우에는 에보니로 가볍게 빈 곳을 메워 준다.

③ EyeShadow

대체로 붉은 기가 없는 갈색 계열로 노즈섀도우와 아이홀섀도우를 자연스럽게 연결시킨다. 눈 꼬리에 회색이나 갈색 아이섀도우를 사용하여 눈매를 살려준다. 언더라인의 경우 갈색 펜슬을 사용하여 면봉으로 자연스럽게 그라데이션 시켜준다.

④ Blusher

:갈색 계열의 치크로 광대뼈 밑, 턱, 양쪽 끝에 자연스럽게 터치해 준다.

⑤ Lip

입술에 묻은 파운데이션을 닦아 내고, 본인이 입술색이 자연스럽게 나타나게 하거나, 희미한 입술은 연한 갈색으로 가볍게 터치 한다.

그림 6-17 신랑 메이크업(Bridegroom Make-up)

찾아보기

INDEX

저자소개

김효정 : 수성대학교 뷰티스타일리스트과
김양은 : 마산대학교 뷰티케어과
김미경 : 마산대학교 뷰티케어과
배은정 : 수성대학교 뷰티스타일리스트과

Make-up Design

2013년 2월 10일 초판인쇄
2013년 2월 20일 초판발행

지은이 : 김효정, 김양은, 김미경, 배은정
펴낸이 : 이상태
펴낸곳 : 청구문화사
디자인 : 김기린
주 소 : 120-831 서울특별시 서대문구 연희 1동 436-1번지
전 화 : 02-332-0541(代) FAX : 02-337-9577
등 록 : 1990년 11월 2일 제9-247호

가격 30,000원

ISBN 978-89-5616-523-3 93590

저자소개

김효정 : 수성대학교 뷰티스타일리스트과
김양은 : 마산대학교 뷰티케어과
김미경 : 마산대학교 뷰티케어과
배은정 : 수성대학교 뷰티스타일리스트과

Make-up Design

2013년 2월 10일 초판인쇄
2013년 2월 20일 초판발행

지은이 : 김효정, 김양은, 김미경, 배은정
펴낸이 : 이상태
펴낸곳 : 청구문화사
디자인 : 김기린
주 소 : 120-831 서울특별시 서대문구 연희 1동 436-1번지
전 화 : 02-332-0541(代) FAX : 02-337-9577
등 록 : 1990년 11월 2일 제9-247호

가격 30,000원

ISBN 978-89-5616-523-3 93590